Antonio Damasio

Natürliche Intelligenz und Bewusstsein in Zeiten von KI

Aus dem Englischen von Sebastian Vogel

Hanser

Titel der Originalausgabe:
Natural Intelligence & the Logic of Consciousness.
New York, Pantheon Books 2026

1. Auflage 2026

ISBN 978-3-446-28436-4

Vilshofener Straße 10 | 81679 München | info@hanser.de

Umschlag: Anzinger und Rasp, München
Motiv: © David Vanadia
Satz: Greiner & Reichel, Köln
Druck und Bindung: GGP Media GmbH, Pößneck

Inhalt

Zum Anfang

I
Das Problem, Bewusstsein zu erzeugen, und eine Skizze möglicher Lösungen

II
Lösungen: eine genauere Betrachtung

III

Jetzt, da wir es wissen

IV

Nachlese

Anhang

Zum Anfang

Kapitel 1

Natürliche Intelligenz und die Logik des Bewusstseins

Dieses Buch handelt von den abenteuerlichen Wegen der Natürlichen Intelligenz. So richtig begannen sie mit der Entstehung des Lebens – die nichts weniger war als die Eröffnung einer aufregend neuen Form des vergänglichen Daseins –, und ihre Fortsetzung fanden sie mit der bemerkenswerten Entwicklung von Geist, Gefühlen und Bewusstsein.

Auch wenn die Entdeckungen des 20. Jahrhunderts uns in die Lage versetzt haben, das Leben ansatzweise zu verstehen, bleibt es eine unwahrscheinliche, erstaunliche Errungenschaft – außerordentlich kunstvoll und doch zurückhaltend, lenkt es die Aufmerksamkeit kaum einmal auf sich selbst und ist doch übervoll mit den intelligenten Kunststücken, die für seinen scheinbar ewigen Bestand sorgen. Das Geschenk des Lebens hat uns einzellige Organismen beschert, von denen keine anderen so allgegenwärtig sind wie die Bakterien: Sie leben, ohne zu wissen, dass sie leben, richten sich in ihrem eigenen Dasein hervorragend ein, können aber nicht herausfinden, wie oder was sie einrichten.[1] Diese Seltsamkeit im Allerkleinsten ereignete sich erstmals vor rund 4 Milliarden Jahren, aber wenn wir dann einen Sprung von 2,5 Milliarden Jahren vollziehen, brachte die Natur erstmals kompliziertere Organismen mit vielen Zellen hervor, und unter diesen waren Pflanzen, Bäume und andere bewundernswerte Wesen. Betrachten wir einmal die kalifornischen Mammutbäume, die Hunderte von Metern in die Höhe ragen, und staunen wir über ihre prächtigen Kronen, aber auch über ihr verwobenes, unterirdisches Wurzelgeflecht.[2] Aber so komplex und schön diese Lebewesen auch sind, auch sie können nichts von ihrem eigenen Dasein wissen, und erst recht erkennen sie nicht, wie kompliziert ihre eigene Funktionsweise oder die anderer Lebewesen ist.

Zu noch mehr Staunen gab aber die Natürliche Intelligenz Anlass. Die Natur gab sich nicht mit einer Welt zufrieden, in der es von schlauen, aber unwissenden Wesen wimmelte, sondern sie erfand im weiteren Verlauf auch Organismen, die mit einem *Geist* ausgestattet waren; hervorgebracht wurde er durch das Wirken einer weiteren tiefgreifenden Neuerung: der *Nervensysteme*, die vor rund 500 Millionen Jahren erstmals auf der Bildfläche erschienen. Was bedeutet es eigentlich, einen Geist zu haben? Kennzeichnend ist ganz allgemein die *private Zurschaustellung mentaler Bilder, die von einem Nervensystem erzeugt werden*. Diese Bilder *repräsentieren* alles, was uns umgibt – sie *stehen stellvertretend* für Dinge, andere Lebewesen und Ereignisse, an denen sie alle beteiligt sind – aber nicht nur; wichtig ist, dass mentale Bilder auch unsere Innereien und ihre Tätigkeiten *nachzeichnen*, während diese darum bemüht sind, das Leben zu regulieren und aufrechtzuerhalten. Damit *repräsentieren sie in Form der Gefühle die Körperbestandteile und -tätigkeiten, die an den inneren Zuständen unseres Organismus mitwirken*. Mit anderen Worten: Mentale Bilder *repräsentieren* Handelnde und Handlungen, und zwar nicht nur solche von außerhalb unseres Organismus, sondern – und das ist wichtig – auch solche in seinem Inneren. Was dabei bemerkenswert ist: Wenn mentale Bilder das tun, schaffen sie eine Art inneres, privates Multimediaschauspiel, und eines schönen Tages wurden Filme und Tonaufzeichnungen erfunden, die ihm ähnlich sein sollten. Man sollte keinen Augenblick lang glauben, der Film sei aus heiterem Himmel entstanden. Aus meiner Sicht war seine Erfindung ein vernünftiger Versuch, die natürlich animierte, »filmartige« Realität unseres Geistes nachzuahmen. Der Versuch hatte offensichtlich Erfolg, aber das reichhaltige, umfassende Schauspiel im Geist jedes Einzelnen bleibt bis heute der großartigste Film der Welt.

Im typischen Fall sind mentale Bilder also Licht- oder Geräuschmuster, die andere Lebewesen und ihre Tätigkeiten repräsentieren, aber auch Gegenstände und Abläufe – oder Teile von Gegenständen und Abläufen, die unsere Umgebung ausmachen. Beispiele sind die Musik und die Sprache, die wir hören: Ihre Grundlage sind akustische Bilder in unserem Geist. Aber auch Berührungen, Gerüche und Geschmack sind bildliche Muster. Mentale Bilder können in jedem von uns *alles* repräsentieren, was uns umgibt, einschließlich anderer ganzer Lebewesen und aller ihrer körperlichen Merkmale und Tätigkeiten.

Die mentalen Bilder des zweiten Typs – und man kann mit Fug und Recht behaupten, dass sie nicht weniger wichtig sind als die Bilder unserer Umgebung – sind im typischen Fall die Bilder unseres eigenen Inneren, die ich zuvor bereits erwähnt habe. Diese komplexen Bilder stellen *Gefühle* dar und spielen eine äußerst wichtige, einzigartige Rolle: *Sie beschreiben für jeden von uns den Zustand des Lebens im Inneren des Organismus*, sein Auf und Ab, einen Zustand, der ständig überwacht und reguliert werden muss, damit wir am Leben bleiben. Wie nicht anders zu erwarten, haben diese Bilder häufig mit einem Widerstreit oder einem Aushandeln zu tun.

Kurz gesagt, wurde der Durst der Evolution nach Natürlicher Intelligenz durch die folgenschwere Entwicklung der Fähigkeit, unsere Umgebung bildlich zu repräsentieren, nicht gestillt. In den Kulissen lauerte eine weitere radikale Wendung; sie stand bereit, um den Geist zu bereichern und an der Aufrechterhaltung des Lebens mitzuwirken. Wir nennen sie *Gefühl*.

»Gefühl« ist in diesem Buch einer der wenigen Fachausdrücke, die auf den ersten Blick keine behelfsmäßige Definition zu erfordern scheinen, aber dieser Eindruck täuscht. Natürlich ist uns allen das Erlebnis von Gefühlen vertraut. Wohlfühlen oder Kummer, Hunger oder Durst, Schmerzen und Lust – all das sind Gefühle eines ganz bestimmten Typs, und es gibt sogar einen Fachbegriff, mit dem man sie zusammenfassend bezeichnet: Man nennt sie *homöostatische Gefühle*. Sie unterstützen nämlich den entscheidenden Prozess der Lebenssteuerung, der darauf abzielt, den Organismus im Idealbereich der *Homöostase* zu halten, dem Bereich, in dem alle Größen mit der Fortsetzung des Lebens vereinbar sind. Wichtig ist aber die Feststellung, dass dies im Repertoire der Natur nicht die einzige Form von Gefühlen ist. Wenn wir Freude oder Trauer, Wut oder Angst empfinden, bezeichnen wir die jeweiligen Gefühle nicht als »homöostatisch«, sondern als »emotional«, denn sie haben nicht in erster Linie mit der Lenkung des Lebens zu tun, sondern sind ein unverzichtbarer Teil des natürlichen Emotionsprozesses.

Kurz gesagt, müssen wir zwischen zwei Formen von Gefühlen unterscheiden: auf der einen Seite jene, die durch Aufrechterhaltung der Homöostase der Steuerung des Lebens dienen, auf der anderen diejenigen, mit deren Hilfe wir unsere Emotionen erleben können. Noch entscheidender ist aber, dass wir die eigentlichen Gefühle von den Emotionen trennen.[3]

Wir alle sind in der Lage, homöostatische Gefühle zu erleben und zu erkennen, aber wie solche Gefühle physiologisch aufgebaut sind, ist bis heute ein wissenschaftliches Rätsel. Dennoch sind solche scheinbar banalen Phänomene, die jeder von uns gut kennt, die unbesungenen Helden dieses Buches, und das aus zwei Gründen. Erstens kann ich nach meiner eigenen Einschätzung erklären, wie homöostatische Gefühle in unserem Organismus entstehen, und damit zumindest einen Teil ihres fatalen Geheimnisses lüften. Der zweite und sicher überraschende Grund: Ich glaube, *dass homöostatische Gefühle in Wirklichkeit für das Bewusstsein verantwortlich sind.* Homöostatische Gefühle eröffneten mit der ihnen innewohnenden *Subjektivität* den Weg, damit das Bewusstsein in das große Bild des Lebendigen aufgenommen werden konnte. Homöostatische Gefühle weisen eindeutig auf einen *Besitzer* hin. Sie lassen ihren Organismus ganz von selbst wissen, wohin sie im großen Plan der Dinge gehören: *sowohl* in den Geist *als auch* in den Körper ihres jeweiligen Organismus. Hier müssen wir noch einmal innehalten: Erstens bedeutet nämlich der Gedanke, Bewusstsein sei eine Folge homöostatischer Gefühle, eine radikale Abkehr von der traditionellen Herangehensweise an das Problem; und zweitens erfordert der Begriff des Bewusstseins mehr noch als der des Gefühls eine angemessene Einführung.

***

Bittet man intelligente Menschen, sich mit den Begriffen von Geist und Gefühlen auseinanderzusetzen, gehen sie damit in der Regel ungezwungen und sogar intuitiv um. Und doch sind sie oft ratlos, wenn man sie nach dem Bewusstsein fragt. Was ist Bewusstsein? Was tut das Bewusstsein für uns? Wie schaffen die Lebewesen ein solches Etwas? Ist Bewusstsein wirklich etwas anderes als der Geist? Verwirrende Fragen. Das Bewusstsein ist ein tiefgründiges Rätsel.

Wir stehen hier vor einer Schwierigkeit: Zwar stimmt es, dass die biologischen Hintergründe von Geist und Gefühlen ein Mysterium waren, das Bewusstsein ist aber ein noch viel weiter reichendes Rätsel. Wie vielleicht nicht anders zu erwarten, hat man mit zahlreichen Ideen zu erklären versucht, was Bewusstsein ist und wie es entsteht, aber bis heute war keine davon so überzeugend, dass sie sich als zufriedenstellende – oder gar definitive – Erklärung für das Problem durchsetzen konnte (siehe Kapitel 14 und 21). Die Ideen kamen aus unterschiedlichen Richtungen – sie waren philosophischer, naturwissenschaftlicher und technischer Natur – und zeigen, dass ihre Vertreter sich noch nicht einmal von vornherein einig waren, was es eigentlich zu erklären gilt. Die Lage ist ein wenig verzwickt, und die ungelösten Rätsel des Bewusstseins sind zu einer gewissen Peinlichkeit geworden. Zusammenfassend kann man fragen: Wie ist das Bewusstsein aufgebaut? Woraus besteht es? An welchen charakteristischen Zeichen erkennt man, dass das Bewusstsein tätig ist? Nach meiner Überzeugung kann die Neurobiologie auf solche Fragen zufriedenstellende Antworten geben und uns im gleichen Atemzug in die Lage versetzen, zu erklären, was Bewusstsein für diejenigen, die es besitzen, leistet; damit können wir unsere Kenntnisse über die *Conditio humana* voranbringen. Bevor wir aber weiter voranschreiten, müssen wir uns vorab einen Überblick darüber verschaffen, welche Probleme es zu lösen gilt und wie wir in diesem Buch an sie herangehen wollen.

Kapitel 2

Die Rätsel des Bewusstseins

I

Das ursprüngliche Motiv dieses Buches war, überzeugend zu erklären, wie Bewusstsein hergestellt wird und was es zu unserem Menschsein beiträgt. Was also ist Bewusstsein? In der schnellsten Beschreibung, die ich an dieser frühen Stelle im Buch vorschlagen kann, ist Bewusstsein *der biologische Prozess, der es uns allen ermöglicht, unser individuelles Leben zu erleben*, solange wir wach sind und nicht schlafen oder uns in Narkose befinden! Mit anderen Worten: Bewusst zu sein bedeutet aus meiner Sicht, zu spüren, *dass wir existieren* und *dass wir am Leben sind*. Dank unseres Bewusstseins können wir am Ende zu dem Schluss gelangen, dass wir einen Geist besitzen, wir können seine *private* Natur spüren und sogar die Vermutung haben, dass wir nur *einen* Geist besitzen und nicht mehrere.

Unter praktischen Gesichtspunkten existiert für uns nichts, bis wir bewusst sind, und auch nur dann: *Wir existieren im eigentlichen Sinn des Wortes nur dann, wenn wir wach und bewusst sind.* Nach meiner Überzeugung fängt ein solcher Bewusstseinsbegriff die wahren Verhältnisse des Prozesses ein, es besteht hier aber keine allgemeine Einigkeit. Vielmehr gibt es verschiedene Bewusstseinsbegriffe, die aus unterschiedlichen Denktraditionen erwachsen, und insgesamt ist die Lage verwirrend. Noch weniger Kenntnisse – von Einigkeit ganz zu schweigen – haben wir in der Frage, wie Bewusstsein aufgebaut wird. Unser neurobiologischer Apparat scheint es zwar mühelos zu bewerkstelligen, die Wissenschaft hat aber diesen biologischen Fortschritt bisher nicht zufriedenstellend erklärt, und erst recht erklärt sie ihn nicht auf eine Weise, mit der man allgemeine Übereinstimmung erzielen könnte.

Wir haben noch ein ganzes Buch vor uns, um zu erklären, welche biologischen Machenschaften hinter dem schwer fassbaren Bewusstseinsprozess stehen und auf welch subtile Weise er Eingang in unser Dasein gefunden hat. Aber dies ist kein Spannungsroman; deshalb habe ich den Schleier des Geheimnisses bereits gelüftet und ohne jede Befangenheit erklärt, dass *Bewusstsein eine unmittelbare Folge homöostatischer Gefühle ist.* Das ist eine radikale Aussage, aber ich verspreche, sie mit guten Gründen zu rechtfertigen und zu erklären, was Gefühle sind und was sie bewirken.

Ich bin auch mit den Überraschungen noch nicht fertig. Wie manche Lesenden vielleicht wissen, sagt man traditionell: »Wir können unsere Gefühle empfinden, *weil* wir von vornherein bewusst sind.« Nun, nach meiner Überzeugung ist eine solche Aussage nicht nur falsch, sondern man muss sie sogar vollständig umdrehen. Richtig lautet sie nach meiner Ansicht: *Wir müssen fühlen können, um bewusst zu werden.*

Wenn wir an die Realität des Geistes als Teil der Lebewesen denken, erweist sich alles als wichtig. Wir müssen aber auch anerkennen, dass die folgenschwere Realität und die Errungenschaften des menschlichen Geistes uns nur deshalb bekannt wurden, weil dieser Geist mit einem Bewusstsein ausgestattet war. Das Bewusstsein versetzte Lebewesen in die Lage, sich um ihr individuelles Schicksal zu kümmern, aber auch um das Schicksal anderer, vergleichbarer Organismen in ihrer Nachbarschaft. Das Bewusstsein lieferte Gründe für das Dasein und regte die neu damit ausgestatteten Individuen an, mit Erfindungsreichtum zum Schutz ihrer selbst und jener anderen tätig zu werden, für die sie etwas *fühlten*! Bewusstsein versetzte den Geist in die Lage, kreativ zu werden. Mit Bewusstsein konnte der Geist kreativ werden. Bewusstsein war zur Patin der Erfindungen geworden. Ohne Bewusstsein hätte es keinen Bach, keinen Mozart und keinen Beethoven gegeben, keinen Shakespeare, keinen Darwin und keinen William James, keinen Einstein, keinen Watson und keinen Crick.

Es wäre großartig, wenn wir behaupten könnten, die natürliche Erfindung des Bewusstseins habe keine Kehrseite. Aber leider ist es nicht so – wie manch einer sicher schon vermutet.

II

Nachdem Gefühle und Bewusstsein auf dem Weg waren, traten die Wagnisse der Natürlichen Intelligenz in eine neue Phase ein. Nach meiner Überzeugung wurden homöostatische Gefühle und ihre wichtigsten Folgen, nämlich Subjektivität und Bewusstsein, zu einem Teil des Geistes; das Ergebnis war der bewusste Geist – das heißt, ein Geist, der vom Gehirn eines bestimmten Lebewesens im Zusammenwirken mit seinem Körper erzeugt wurde. Einen solchen Geist *erlebt* jeder Organismus aus subjektiver Sicht als Teil seines Körpers, der nur ihm und ihm allein gehört!

Was dabei wichtig ist: Der bewusste Geist war nicht – und ist nicht – auf Menschen beschränkt. Wie wir noch genauer erfahren werden, war das Bewusstsein ein entscheidender biologischer Fortschritt, der das Leben komplexer Organismen nachhaltiger und sicherer machte. Ihren großen Tag – oder eigentlich ihre große Saison – hatte die Natürliche Intelligenz, als sie das Bewusstsein entwickelte, ausprobierte und bei vielen Lebewesen verbesserte, bevor die Menschen auf der Bildfläche erschienen. Die ersten Nutznießer des Bewusstseins aus der Evolution umgeben uns noch heute: bewusste Lebewesen, die durch unsere Luft fliegen oder in unseren Meeren schwimmen; wir besuchen sie im Zoo oder sehen sie auf einer Safari, von unseren eigenen Haustieren natürlich ganz zu schweigen.

Allerdings sind die kreativen Fähigkeiten des menschlichen Geistes etwas ganz Besonderes; als die bewussten Menschen auf der Bildfläche erschienen, waren ihre üblichen Verhaltensweisen und Hervorbringungen drastisch anders, und man kann über neue Errungenschaften berichten. Ein aufschlussreiches Beispiel: Menschen entwickelten die Musik. Mit diesem Hilfsmittel konnten sie ausdrücken, wie sie sich für sich selbst, im Verhältnis zu anderen und im Zusammenhang mit dem Leben, das sie jetzt erlebten, fühlen. Musik war ein Mittel der Kommunikation und Selbstbereicherung. Nicht weniger wichtig war, dass Menschen auch die Sprachen entwickelten und so in der Lage waren, ihre Gedanken anderen Menschen mit einer gewissen Genauigkeit mitzuteilen und mit der gleichen Genauigkeit auch etwas über die Gedanken der anderen zu erfahren. Ebenso konnten sie die Welt um sich herum erkunden und verändern, indem sie neue, komplexe gesellschaftliche und kulturelle Einrichtungen schufen. Die Landwirtschaft wurde erfunden und brachte neue Waren hervor, die nicht nur verbraucht, sondern auch gehandelt und verkauft wurden, und das Gleiche galt auch für die Erfindung technischer Vorrichtungen, mit denen die Menschen die Reichweite ihrer Kreativität erweiterten. Es folgten die Erfindung und Anwendung der notwendigen Verwaltungsmethoden zur Lösung der Konflikte, die aus so vielen kulturellen Neuerungen erwuchsen. Solche Verwaltungsstrategien sind heute unter Bezeichnungen wie *Wirtschaft* und *Politik*, *Justiz*, *Religion* und last but not least *Kunst* bekannt. Schließlich ergab sich die Möglichkeit, systematisch über die Vorgehensweisen und Mittel des menschlichen Geistes nachzudenken, aber auch über die Gesellschaften, die durch neue, komplexe Lebensweisen entstanden. An dieser Stelle wurde die Philosophie geboren, ein Mittel, um über die Hervorbringungen des Lebens zu reflektieren, und auf seltsame Weise auch als Vorläufer der heutigen Naturwissenschaft und Technik. Es war ein erstaunlicher Weg von Wachstum und Expansion.[4]

III

Auf die Zusammenstellung der kulturellen Instrumente, die aus der klassischen Natürlichen Intelligenz erwuchsen, folgten die Jahrtausende der menschlichen Zivilisation. Durch das Bewusstsein und die von ihm unterstützte Kreativität war die Natürliche Intelligenz verantwortlich für den Aufstieg und Sturz großer Reiche, die Entwicklung der Religionen einschließlich ihrer Ablehnung oder Befürwortung; man kann ihr die Schuld an einer Fülle von Kriegen um Glauben, Eigentum und politische Doktrinen geben, und ebenso ist sie verantwortlich für bemerkenswerte künstlerische und wissenschaftliche Errungenschaften und technische Triumphe. Insgesamt ist es keine schlechte Erfolgsgeschichte, aber hier stoßen wir auf einen problematischen Wendepunkt. Unser Zeitalter, ein Zeitalter der nicht nur intelligenten, sondern auch ungeheuer kreativen, künstlerischen Menschen, hat nicht nur Höhepunkte der menschlichen Evolution hervorgebracht und in sich aufgenommen, sondern auch gefährliche Abgründe. Wir sind von immer höher entwickelten Kriegsmaschinen umgeben, aber auch von dem lauernden, von Menschen gemachten Albtraum des Klimawandels und seiner Folgen: Hungersnöte, Seuchen, Brände und Überschwemmungen, Zerstörung, Unregierbarkeit. Und am problematischsten unter allen diesen Abgründen ist möglicherweise der erfolgreiche Aufschwung der »Künstlichen Intelligenz«, deren gesellschaftliche Folgen erst jetzt ernsthaft zur Kenntnis genommen werden.

Bis vor kurzer Zeit waren die meisten Instrumente der menschlichen Zivilisation Produkte der traditionellen Natürlichen Intelligenz. Jetzt erleben wir eine bedeutende Abkehr von unserer Vergangenheit: Eine scheinbar neue Form der Intelligenz ist dreist auf der Bildfläche erschienen. Damit meine ich das breite Spektrum von Entwicklungen, die als Künstliche Intelligenz (KI) bezeichnet werden. Man sollte festhalten, dass die KI ausschließlich von Menschen erfunden wurde und ihren Ursprung offensichtlich in dem breiten Spektrum der Natürlichen Intelligenz hat. Das Attribut »künstlich« hatte ursprünglich damit zu tun, dass die Leistungen der KI von leblosen Gerätschaften hervorgebracht wurden, die aus leblosem Material bestehen und von denen manche so klein sind, dass sie auf eine Handfläche passen.

Allerdings sind die neuartigen Instrumente und die Netzwerke, die deren Tätigkeit nutzen und unterstützen, heimtückisch in unser Leben eingedrungen und gehen weit über alles hinaus, was wir in unserer Arglosigkeit von ihnen erwartet haben. Plötzlich sind wir umgeben von technischen Wunderwerken, die verschiedene Aspekte des menschlichen Intellekts und Verhaltens auf so erstaunliche Weise nachahmen, dass die

Menschen, die sie erfunden haben, sicher unsere Bewunderung verdienen. Aber während manche derartigen Instrumente positiv zum Wohlergehen der Menschen beitragen, werden sie andererseits auch dazu genutzt, Tatsachen falsch darzustellen und Kernaspekte der gesellschaftlichen und politischen Prozesse, die wir mit einem gesunden, moralisch einwandfreien Dasein verbinden, zu untergraben. Und dass solche Entwicklungen in den Händen bösartiger Akteure viel Unheil anrichten können, ist nicht das Einzige. Es besteht die reale Möglichkeit, dass ihre Bequemlichkeit und Suchtwirkung kostbare Errungenschaften der Menschen beiseiteschieben können, die das Leben gesünder, glücklicher und edler gemacht haben – damit meine ich Kunst und Philosophie, Naturwissenschaft und den kultivierten menschlichen Geist, der den Menschen ihr edles Wesen verleiht. Die Bedrohung für die Menschheit ist real, obwohl festzustellen bleibt, dass die angeblich größere Gefahr – die Allgemeine Künstliche Intelligenz – bisher noch nicht einmal auf der Bildfläche erschienen ist.

IV

Dennoch sollte man die KI nicht *allein* für die Gefahren verantwortlich machen, denen die Menschen gegenüberstehen. Dass die KI wie die vielschichtigen gesellschaftlichen und politischen Krisen, die uns heute umgeben, zur einem beträchtlichen Teil aus den Hervorbringungen der Natürlichen Intelligenz erwächst, liegt auf der Hand. Hier sollten wir eine beunruhigende Frage stellen: Wie kommt es, dass die Natürliche Intelligenz, die das Leben im Laufe der Menschheitsgeschichte so wirksam geschützt und verbessert hat, uns Menschen derart in die Irre führen kann? Wenn wir versuchen, diese Frage zu beantworten, und dazu das Geflecht der derzeitigen Konflikte analysieren, stoßen wir zwangsläufig auf eine zentrale Folge der Natürlichen Intelligenz: das *Bewusstsein*, das eine subjektive Sichtweise ebenso möglich macht wie unabhängiges Handeln und die kreative Kraft der Menschen.

Das Bewusstsein ist verantwortlich für *die Fähigkeit, die Tätigkeit eines individuellen Geistes innerhalb eines lebenden Organismus zu erleben*, und auch für *die Fähigkeit eines Individuums, das Leid oder die Freude wahrzunehmen, die sich aus dem derzeitigen Stadium seines eigenen Lebensprozesses ergeben*. Ebenso ist Bewusstsein verantwortlich für *die Kreativität, mit der jedes Individuum den Bedrohungen für sein Dasein begegnen und die Möglichkeiten eines konstruktiven Handelns erkunden kann*.

Ein bewusster Geist war die unentbehrliche Grundlage für die Kultur der Menschen und der Grund, warum das, was wir spüren, denken, sagen und tun, überhaupt von Bedeutung ist. Diese Tatsache können wir nicht ignorieren, und deshalb ist *die Betrachtung der Ursprünge und Mechanismen des bewussten Geistes* – die das wichtigste Programm und Ziel dieses Buches ist – unentbehrlich, wenn wir den derzeitigen, beunruhigenden Zustand der Menschheit verstehen wollen. Damit eng verwandt ist aber ein anderes Ziel, das wir vielleicht Hoffnung nennen sollten: Ein neues, umfassendes Wissen um die Arbeitsweise des bewussten Geistes könnte helfen, bessere Wege zum Umgang mit den problematischen Entwicklungen der menschlichen Kultur zu finden und das Dilemma der davon Betroffenen zu lindern. Vielleicht lassen sich manche bemerkenswerten Errungenschaften der Natürlichen Intelligenz so in eine neue Richtung lenken, dass die Menschheit vor dem Abgrund, an den sie sich selbst manövriert hat, gerettet wird.

Kapitel 3

Eine Methode und ein Plan

Nach meiner Überzeugung lohnt es sich, zu Beginn eines Buches zu erklären, worüber man schreiben möchte, insbesondere wenn es um ein so schwer fassbares Thema wie das Bewusstsein geht. Im Wesentlichen schreibe ich erstens darüber, wie die Natürliche Intelligenz Lebewesen wie uns mit einem Bewusstsein *ausstatten* konnte, und zweitens über die *Folgen*, die es hat, wenn man in unserer Welt bewusst ist. Vor allem möchte ich erläutern, wie Bewusstsein eigentlich aufgebaut wird; bevor ich beschreibe, wie die Natur nach meiner Überzeugung diese Aufgabe bewältigt hat, lege ich deshalb meine Ansichten darüber dar, was Bewusstsein eigentlich ist und wie man es mit kurzen Definitionen umreißen kann.[5]

Die meisten Gedanken, die ich hier vertrete, basieren auf anerkannten, in manchen Fällen recht neuen wissenschaftlichen Tatsachen; ich schrecke aber auch nicht vor Theorien und Hypothesen zurück, die noch nicht überprüft sind, und ebenso verzichte ich nicht darauf, mehrfach die gleichen Fragen unter geringfügig unterschiedlichen Blickwinkeln zu betrachten, wenn ich hoffe, damit einer plausiblen Erklärung näher zu kommen.

In den Überlegungen, die den Leitfaden für meine Untersuchungen des Bewusstseins bilden, spiegeln sich Forschungsarbeiten auf drei wichtigen Fachgebieten wider: *Philosophie*, *Psychologie* und eine Mischung von Gebieten, zu denen *all-*

gemeine Biologie, klinische Neurologie und *Neurowissenschaft* gehören. In diesem Zusammenhang lautet die allgemeine Definition, die ich anbieten kann: *Bewusstsein ist ein biologischer Prozess, der mit einem Nervensystem ausgestattete Lebewesen in die Lage versetzt, ihr eigenes Dasein und die Existenz eines sie umgebenden Universums wahrzunehmen.*

Bewusstsein ist ein privater Vorgang. Die Erlebnisse, die daraus erwachsen, dass ein Lebewesen bewusst ist, sind nur vom Inneren dieses einen bewussten Lebewesens aus zugänglich. Solche Erlebnisse kann man nicht von außen an dem bewussten Individuum beobachten, manchmal werden sie allerdings von aufschlussreichen Anzeichen begleitet, die bei anderen bewussten Individuen die Vermutung nahelegen, dass ein Bewusstsein vorhanden ist.

Bewusstsein ist für jeden Organismus, der damit ausgestattet ist, von Vorteil; das selbstbestimmte Leben komplexer Lebewesen setzt die subjektive Sichtweise voraus, die ein zentraler Teil des Bewusstseins ist.

Bewusstsein und Geist sind unterschiedliche Prozesse. Das Bewusstsein verschafft dem Geist einen Platz im Universum. Bewusstsein dient dem Geist. Bewusstsein besteht daraus, einen bestimmten Geistesprozess *in einem ganz bestimmten, einzigartigen Teil des Universums anzusiedeln, nämlich in dem Körper, in dem mithilfe des Gehirns eine umfassende, private mentale Landschaft erschaffen wird.*

Zusammenfassend kann man sagen: *Bewusstsein bedeutet, dass ein bestimmter geistiger Prozess spontan mit dem einzelnen Organismus/Körper verknüpft wird, in dem dieser Geist mithilfe eines Nervensystems hergestellt wird.*

Ein Plan

Zu Beginn haben wir die Frage nach dem Bewusstsein im Zusammenhang der Natürlichen Intelligenz kennengelernt. Die darin beschriebenen philosophischen Überlegungen werden durch Befunde aus allgemeiner Biologie, klinischer Neurologie und Neurowissenschaft ergänzt, und damit liefert der Text meine Antworten auf zwei Hauptfragen. (I) Wie wird das Bewusstsein erzeugt? Und (II) Welchen Einfluss hat das Bewusstsein auf diejenigen, die es besitzen?

Teil I des Buches trägt den Titel »Das Problem, Bewusstsein zu erzeugen, und eine Skizze möglicher Lösungen«. Darin geht es um das Bewusstsein als natürliche Lösung für das Problem, Leben in komplexen, verletzlichen, endlichen Organismen zu steuern, die mit einem Nervensystem und einem Geist ausgestattet sind. Teil II mit dem Titel »Lösungen: eine genauere Betrachtung« erörtert die biologische Lösung, die nach meiner Überzeugung den Aufbau des Bewusstseins ermöglicht. Ich erkläre, (a) wie Interozeption und ihre neurobiologischen Mechanismen homöostatische Gefühle erzeugen und (b) wie es ihnen gelingt, auch integrierte geistige Prozesse bewusst werden zu lassen.

Die Überschrift von Teil III lautet »Jetzt, da wir es wissen«. Darin verfolge ich das Ziel, die Lösung der Bewusstseinsfrage, die ich für Menschen vorgeschlagen habe, mit den Empfindungsprozessen von Bakterien und Pflanzen, die ihnen auch ohne Bewusstsein das Überleben ermöglichen, zu vergleichen und sie ihnen gegenüberzustellen. Weitere Kapitel behandeln die Folgen des Bewusstseins für die Gesellschaften der Menschen und den Kontrast zwischen Natürlicher Intelligenz und den bemerkenswerten Entwicklungen der Künstlichen Intelligenz. Am Ende von Teil III folgt eine Würdigung der Mentoren und Kollegen, die für meine eigene Entwicklung verantwortlich waren und in einigen Fällen auch gezielte Beiträge zu diesem Buch geleistet haben.

Teil IV mit dem Titel »Nachlese« enthält eine Reihe von Überlegungen über die Bedeutung der Natürlichen Intelligenz sowie über den Aufstieg und die Ausweitung des Bewusstseins.

I

Das Problem, Bewusstsein zu erzeugen, und eine Skizze möglicher Lösungen

Kapitel 4

Zwei Seelen wohnen …

I

Der Geist ist ein vollendeter Spielplatz, ein seltsamer Ort, erzeugt durch die Partnerschaft eines Körpers mit seinem Nervensystem, der Ort, an dem das Universum mit seinen Eigenschaften und Abläufen beschrieben wird. Geist besteht aber auch aus biologischen Prozessen, durch die *Subjektivität* und *Bewusstsein* ins Dasein treten und einen *subjektiven, erlebenden, bewussten* Geist schaffen.

Hinter dem, was wir üblicherweise als »Geist« bezeichnen, laufen mehrere Stränge und Formen geistiger Prozesse ab. Sie sind so eng verwoben, dass man ihre unterschiedlichen Ursprünge, Methoden und Leistungen kaum bemerkt. Damit unser Leben normal und produktiv ablaufen kann, müssen sie zusammenwirken, aber ihre charakteristischen Beiträge können wir nur dann verstehen, wenn wir uns bemühen, sie zu trennen und einzeln zu beobachten.

Eine besonders grundlegende Form geistiger Prozesse betrifft das Körperinnere: Ich werde sie als den *Fühlenden Geist* bezeichnen und weise darauf hin, dass er ständig komplizierte Gefühle erzeugt, die den Zustand unseres *Inneren* beschreiben. Wie zuvor erwähnt, werden solche Gefühle auch als homöostatisch bezeichnet, weil sie vor allem die Aufgabe haben, uns bei der Regulation des Lebens, auch *Homöostase* genannt, zu unterstützen. Sehr oft werden die homöostatischen Gefühle aber durch die Produkte eines anderen grundlegenden geistigen Prozesses beiseite geschoben: des *Wahrnehmenden Geistes.* Das Beiseiteschieben ist aber mehr Schein als Wirklichkeit. Die homöostatischen Gefühle werden auch weiterhin produziert, nur richten wir unsere begrenzte Aufmerksamkeit jetzt auf das, was wir außerhalb unseres Körpers wahrnehmen. Der *Wahrnehmende Geist* ist die Multimediashow mit Menschen, Orten, Gegenständen und Ereignissen, die uns als fortlaufende, üppige Produktion umgeben. Die führenden Mitspieler in der Üppigkeit sind Sehen, Hören, Tasten, Geruch und Geschmack. Wenn wir beiläufig vom »Geist« reden, meinen wir damit häufig die natürliche Kombination dieser beiden grundlegenden Prozesse: des *Fühlenden Geistes* und des *Wahrnehmenden Geistes.*

Wenn wir uns nur mit zwei Formen des Geistes auseinandersetzen müssten, wäre alles einfacher, aber im Zusammenhang mit dem Geist ist nichts einfach, und so stellt sich heraus, dass wir noch mehr bewältigen müssen. Wir müssen weitere Formen geistiger Prozesse beschreiben. Den ersten bezeichne ich als den denkenden, *Reflexiven Geist*: Er besetzt unseren mentalen Raum, wenn wir plötzlich von der Aufmerksamkeit für unsere Umgebung – über die Wahrnehmungsprozesse – zu anderen Dingen wechseln: (a) zu unseren Gedanken über das, was in dieser Umgebung gerade abgelaufen ist, oder (b) zu der Frage, in welchem Verhältnis solche Überlegungen zu dem stehen, was wir bei anderen Gelegenheiten schon erlebt haben, oder (c) zu dem Geist, den wir schweifen lassen und kreativ neue Gegenstände, Tätigkeiten oder Situationen erzeugen. Die zweite Form geistiger Prozesse ist eher konventionell. Sie führt uns von dem abgelenkten, schweifenden Geist weg und hin zu konzentrierten Überlegungen und dem Aufbau neuer Ideen.

Was dabei bemerkenswert ist: Alle Prozesse des *Reflexiven Geistes* erfahren eine wichtige Verstärkung in Form einer mehr oder weniger vollständigen Übersetzung der von ihm hervorgebrachten Gedanken: Dabei werden nicht nur die Namen aller Menschen, Dinge und Tätigkeiten unter der Sonne übersetzt, sondern hinzu kommen auch die vielen »Wenns«, »Unds«, »Abers« und »Vielleichts«, welche die mit solchen Worten verbundenen Ideen logisch und grammatikalisch verbinden. Bemerkenswert ist dabei, dass alle diese automatischen Übersetzungen in *sämtlichen* Sprachen stattfinden, die man beherrschen kann! Deshalb kann man *Wahrnehmungen* unserer Umgebung, *Reflexionen* über das Wahrgenommene und parallele *sprachliche Übersetzungen* aller Gegenstände, Tätigkeiten und Eigenschaften, die wir vor uns haben, bequem mit einem zusammengesetzten Begriff bezeichnen: dem *Wahrnehmenden/Reflexiven/Linguistischen Geist.*

Zusammenfassend kann man sagen: Wenn wir die mentalen Unternehmungen des Gehirns verstehen wollen, müssen wir mehrere bemerkenswert unterschiedliche Prozesse betrachten. Der erste, der *Fühlende Geist*, befasst sich mit den Lebensprozessen, die innerhalb unseres Körpers ablaufen. Der Lebensprozess wird ständig von Gefühlen begleitet, die jedes Ereignis sofort einordnen und in einem affektiven Spektrum als positiv, negativ oder irgendwo dazwischen beurteilen. Was dabei seltsam ist: Wegen ihrer erstaunlich einflussreichen Stellung in den Geistesprozessen *bewerten* Gefühle *ständig* auch alles andere, was sich ansonsten im Geist abspielt. Unsere Denkprozesse und ihre Inhalte sind zwangsläufig vom ständigen Chor der Gefühle begleitet. Es könnte durchaus sein, dass die Dramatiker im alten Griechenland intuitiv diese unausweichlichen, beurteilenden Kommentare spürten, die unsere Gedanken begleiten, und dass die Intuition dann zur Erfindung des Theaterchores führte.

Ein zweiter Prozess, der *Wahrnehmende Geist*, beschreibt auf dem Weg über die verschiedenen Wahrnehmungsapparate unsere gesamte Umgebung. Ein dritter, der *Reflexive/Linguistische Geist*, dreht den Spieß zu allem anderen um und versetzt uns in die Lage, zu reflektieren und uns zu erinnern, den Blick vom Fenster der unmittelbaren geistigen Tätigkeiten abzuwenden und in die Gewölbe der jüngeren wie auch der fernen Erinnerungen zu blicken; dabei betrachten wir nicht nur, was gerade geschehen ist, sondern auch, was sich vor langer Zeit abgespielt hat und sogar was wir uns vielleicht nur vorgestellt haben und uns auch jetzt vorstellen und neu erschaffen können. Solche Reflexionen können sich in einer filmartigen Montage ohne Worte entfalten, aber auch als theaterartiges, verbales Narrativ, je nachdem, was sich für die mentale Stimmung und die Notwendigkeiten des Augenblicks am besten eignet.

II

Dass die verschiedenen Wege zur Erzeugung des Geistes so erfolgreich verwoben sind, sollte uns nicht zu dem falschen Glauben veranlassen, es seien nur Variationen des gleichen Themas. Sie bestehen nicht einmal aus dem gleichen Material, sondern unterscheiden sich in vielerlei Hinsicht, so unter anderem (a) in ihren inneren biologischen Grundlagen, (b) in ihrem evolutionären Alter und (c) in den Folgen ihrer Funktion.

Der *Wahrnehmende Geist* ist ein umfangreiches, aber transparentes Gebilde. Sinnessonden wie unsere Augen, Ohren, Geschmacksknospen, Riechschleimhäute und die Tastsensoren in unserer Haut liefern dem Zentralnervensystem mit ihren Signalen mehr oder weniger detaillierte Beschreibungen der äußeren Objekte, mit denen sie in Berührung kommen. Der *Wahrnehmende Geist* stellt die Ergebnisse dieser gesamten »Bildgebung« zur Schau und lässt die Beschreibungen der Dinge und Ereignisse, die sich den Sensoren präsentiert haben, innerhalb des Nervensystems Revue passieren, am auffälligsten in eigenen Sinnesarealen der Großhirnrinde. Dabei gilt es zu beachten, dass es sich bei diesem Prozess um eine *Einbahnstraße* handelt. Die Sensoren tragen dazu bei, Bilder aufzubauen, und stellen sie in unserem Geist zur Schau, aber dieselben Sensoren *können nicht in umgekehrter Richtung auf die Quellen der Bilderwelt einwirken.* Die klassischen Analogien zu Film- und Audioaufnahmen treffen im Wesentlichen zu. Man kann sich vorstellen, ein Film oder sein Soundtrack würde aufgenommen, und dann werden die Ergebnisse gezeigt. Weder der Film noch der Ton können auf die aufgenommene Realität einwirken.

Der *Reflexive/Linguistische Geist* ist eine davon abgegrenzte, vielfältige Gruppe weitaus schwerer zu durchschauender Prozesse. Er stellt den Wahrnehmungsapparat, mit dem wir *jetzt* in unserer Umgebung etwas sehen und hören, in den Zusammenhang der Bilderwelt, die wir in der Vergangenheit gesammelt haben. Wir können dazu übergehen, uns an ältere Bilder zu erinnern und sie im Zusammenhang des Neuen vorzuzeigen. Oder wir »klinken uns einfach aus« und hängen geistesabwesend unseren Erinnerungen nach. Als praktische Folge ergeben sich aus solchen Vorgehensweisen unter anderem Vergleiche.

Wir können beispielsweise Vergangenheit und Gegenwart in einem reflexiven Denkprozess vergleichen und aus den Unterschieden, die wir beobachten, unsere Schlüsse ziehen. Sprache unterstützt diesen Prozess, denn sie liefert gezielt Worte für alle handelnden Personen, Gegenstände, Tätigkeiten und Eigenschaften, die an dem Prozess mitwirken. Dabei gilt es festzuhalten, dass die meisten entscheidenden Gehirnstrukturen, die für die komplexen Abläufe der *Reflexion* erforderlich sind, sich von denen, die vom *Wahrnehmenden Geist* genutzt werden, unterscheiden. Der wahrnehmende Geist bedient sich primärer und assoziativer Rindenareale für die verschiedenen Wahrnehmungsmodi, der reflexive Geist dagegen nutzt assoziative Strukturen höherer Ordnung in Scheitel-, Schläfen- und Stirnlappen, und der *Linguistische Geist* basiert auf den der Sprache gewidmeten Rindenarealen, die zum größten Teil asymmetrisch in den Stirn- und Scheitelregionen angeordnet sind.[1]

Zuletzt schließlich wenden wir uns dem scheinbar bescheidenen *Fühlenden Geist* zu, mit dem wir unsere Ausführungen über den Geist begonnen haben, aber lassen wir uns nicht täuschen! Der *Fühlende Geist* mag bescheiden aussehen, aber er ist erstaunlich komplex und für alle mentalen Vorgänge von zentraler Bedeutung.[2] Die wichtigste hier zutreffende Aussage sollte auf der Hand liegen und wird doch systematisch ignoriert. Auf den ersten Blick sieht es so aus, als bewirke das Nervensystem, das für den *Fühlenden Geist* verantwortlich ist, hier das Gleiche wie für die Prozesse des *Wahrnehmenden* und des *Reflexiven/Linguistischen Geistes*: Es nimmt Gegenstände und Ereignisse wahr, die sich *innerhalb des Körpers* abspielen, und bedient sich dazu der gleichen Anordnung, mit der auch die Objekte und Ereignisse aus der äußeren Umwelt präsentiert oder im Gedächtnis aufgezeichnet werden.

Bemerkenswerterweise sind aber die Leistungen des Nervensystems im Zusammenhang mit dem Körperinneren nicht nur anders, sondern auch wesentlich komplexer. Das Nervensystem berücksichtigt natürlich Ereignisse, die sich im Körper abspielen, aber es ist nun einmal *auch selbst innerhalb desselben Körpers angesiedelt.* Warum weise ich auf diese Tatsache ausdrücklich hin? Weil die Lage des Nervensystems *im Körperinneren* die beiden Bestandteile des Organismus – Gehirn und Körperinneres – in die Lage versetzt, als Partner tätig zu werden und in großem Umfang *unmittelbar* zu interagieren. So etwas kann natürlich im Rahmen der *Wahrnehmungs*prozesse nicht stattfinden, denn die Quellen der Wahrnehmung liegen *außerhalb des Organismus* und oftmals weit von ihm entfernt. Wie bereits erwähnt, aktivieren Signale von außen die Neuronen in den sensorischen Sonden – unter anderem in Augen und Ohren – und erfüllen dort ihre großartige Aufgabe, aber *die Gehirnteile, die an der Exterozeption beteiligt sind, können nicht auf die äußeren Ursachen der Signale reagieren* und nicht auf diese Ursachen zurückwirken. Es ist ein *Einwegprozess von außen nach innen*, und er erzeugt keine *direkte* Reaktion auf die Quelle. *Indirekt* kann ich auf eine bestimmte visuelle Botschaft beispielsweise mit Erstaunen oder Freude reagieren, aber das geschieht auf dem Weg über *andere* Systeme und folgt, wenn ich verstanden habe, was ich sehen durfte. Das ursprüngliche Objekt wird durch mein Erstaunen oder meine Freunde nicht beeinflusst; es bleibt gleichgültig.

Ganz anders im Prozess des *Fühlenden Geistes*: Hier reagiert das Gehirn *unmittelbar* auf die Signale aus dem Körperinneren und beginnt in der Folge eine Zweirichtungsunterhaltung. Die Reaktion hat Einfluss auf die Quelle des Signals, denn das Gehirn ist im wahrsten Sinne des Wortes *verkörpert* –

damit meinen wir, dass das Gehirn vollständig in den Körper eingebettet und mit ihm verflochten ist, ein Zustand, der natürlich das Zwiegespräch zwischen Körper und Gehirn ermöglicht und zu etwas ganz Natürlichem macht.

Um Belege für die Folgen der Verkörperung zu finden, brauchen wir kein neurobiologisches Labor. Auch in unserem Alltag liefern manche faszinierenden Ereignisse einen umfassenden Beweis. Wenn wir uns beispielsweise geschnitten haben und starke Schmerzen empfinden, reagiert das Gehirn auf die Verletzung und dämpft die Schmerzen, bevor wir auch nur die Chance haben, ein örtliches Betäubungsmittel anzuwenden oder ein Schmerzmittel zu nehmen. Es ist, als würde die eintreffende, nonverbale Nachricht besagen: »Ich bin verletzt, ich habe Schmerzen, ich brauche Hilfe«, und das Gehirn reagiert darauf mit der Nachricht: »hier ist eine unmittelbare Schmerzbekämpfung; der Rettungswagen ist unterwegs!« Der innerlich in Gang gesetzte Schmerzlinderungseffekt wird durch chemische Substanzen vermittelt, die lokal die Entzündung neutralisieren.

Zwischen Körper und Gehirn herrschen so reichhaltige Wechselbeziehungen, dass wir gelegentlich sogar nicht vorhandene Schmerzen »fälschen« können, beispielsweise wenn wir sehen, wie jemand anderes sich in den Finger schneidet, und dann die Schmerzen aus Mitgefühl ungefähr an der gleichen Stelle unseres eigenen Körpers »spüren«! Kurz gesagt, können wir unmittelbar nach einer Verletzung beginnen, uns selbst zu behandeln, *und* wir können auch mit den Schmerzen anderer mitempfinden, eine Fähigkeit, die uns hilft, in einer Gesellschaft gute Menschen zu sein.

Vor dem Hintergrund solcher Tatsachen verstehen wir besser, welche Mechanismen und außergewöhnlichen Folgen dem

Prozess des *Fühlenden Geistes* zugrunde liegen. Der Gegenstand dieser Prozesse ist der *Zustand des Lebens innerhalb des Organismus*, wie er durch die Unwägbarkeiten der laufenden Gefühle beschrieben wird, die sich aus unzähligen *Qualitäten* und *Intensitäten* zusammensetzen und vielfach eindeutiges Zeugnis von der Gegenwart des Lebens im Körper ablegen. Dieser Prozess steht im Einklang mit den Erfordernissen der Homöostase, denn das Leben setzt eine empfindliche Regulation voraus, die seinen Notwendigkeiten Rechnung trägt, Gefahren umgeht und – warum auch nicht – sich in ihren eigenen Erfolgen sonnt.

Der *Wahrnehmende Geist* liefert jedem von uns eine breite Multimedialeinwand, eine Vielfalt mehrfachsensorischer geistiger Prozesse, und der *Fühlende Geist* erzeugt ständig Gefühle, schafft für uns die Möglichkeit, sie zu erleben, und macht damit die Regulation – die Homöostase – möglich.

Demnächst werden wir erfahren, wie die Beiträge dieser drei unterschiedlichen Vorgänge – *Fühlender Geist, Wahrnehmender Geist* und *Reflexiver/Linguistischer Geist* – durch ihr Zusammenwirken die Grundlagen für einen einzigen schaffen, den wir als *Integrativen Geist* bezeichnen können.[3]

III

Wenn wir über das innere Milieu des Organismus schreiben, sollten wir es nicht versäumen, dem französischen Physiologen Claude Bernard die Ehre zu erweisen, denn er beschrieb ebenfalls die Grundlagen der Regulation des Lebendigen – den Prozess der *Homöostase*. Der Titel seines 1865 erschienenen Originaltextes sagt viel über die wichtigsten wissenschaftlichen

Aussagen aus, aber auch über seine Fähigkeit, sie zu durchschauen: *Die Stabilität des inneren Milieus ist die Voraussetzung für eigenständiges Leben.* (»La fixité du milieu intérieur est la condition de la vie libre.«) Das stimmt.[4]

Der Begriff »Homöostase« wurde aber interessanterweise nicht von Bernard geprägt, sondern erst 1926 von Walter Cannon, einem angesehenen amerikanischen Physiologen, der zu unseren Erkenntnissen über das Leben wichtige Beiträge leistete.[5]

Kapitel 5

Der Moderne Integrierte Geist

I

Die wichtigsten Bausteine des Geistes – der *Fühlende Geist*, der *Wahrnehmende Geist* und der *Reflexive/Linguistische Geist* – liefern ihre Produkte an einen gemeinsamen, flexiblen mentalen Raum, in dem die verschiedenen Beiträge zusammengeführt und verwoben werden. Das Ergebnis könnten wir als *Modernen Integrierten Geist* oder einfacher als *Geist* bezeichnen.

Vom Aufwachen bis zu dem Augenblick, in dem wir einschlafen, befinden wir uns in einem integrierten Geistesprozess. Die Zutaten zu diesem Prozess unterscheiden sich im Einzelnen während des Tages je nach den Anforderungen selbstbestimmter Tätigkeiten oder den Aufgaben, die uns die Umstände auferlegen. Die Grundbausteine der geistigen Tätigkeit sind dabei unterschiedlich stark beteiligt, wie es verschiedene Situationen erfordern, und entsprechend verändert sich die Zusammensetzung des Geistes. Die Anteile der entscheidenden Prozesse können zwar je nach den anstehenden Aufgaben bemerkenswert stark schwanken, wir glauben aber, dass die Prozesse des *Fühlenden Geistes* beteiligt sein müssen, damit ein Bewusstsein vorhanden ist. Tagträumereien stellen beispielsweise ganz andere Anforderungen im Vergleich zu dem, was in meinem Geist ablaufen muss, wenn ich über die biologischen Phänomene nachdenke, von denen hier die Rede ist, und dies ist wieder anders als die Anforderungen, wenn ich darüber schreiben will. Nochmals anders sind die Anforderungen, wenn ich einen Film sehe, die Tagesnachrichten verfolge, die Morgenzeitung lese oder ein Musikstück höre, und die damit zusammenhängenden Bestandteile unterliegen auch unerwarteten Veränderungen – während ich diesen Absatz schrieb, hörte ich geistesabwesend im Hintergrund Beethovens *Fidelio*, aber dann musste ich der Oper plötzlich meine volle Aufmerksamkeit widmen, weil der Gesang des Tenors mich faszinierte. Augenblicklich wechselte mein Geist in einen *Reflexiven* Modus und gab innerlich Kommentare zum Gesang des Tenors ab, rief mir andere Versionen der gleichen Arie ins Gedächtnis, versetzte mich in die Lage, Vergleiche anzustellen, und ließ mich bruchlos in den unbehinderten Geistesmodus zurückkehren, mit dem ich meine Schreibarbeit fortsetzen konnte.[6]

II

Unser Affektleben hat zwei wichtige Ebenen. Die erste besteht aus dem Sammeln von Gefühlen, die ständig durch die homöostatische Regulation ausgelöst werden und eine subjektive Sichtweise sowie anschließend ein voll ausgeprägtes Bewusstsein erzeugen. Diese Ebene des Affektlebens ist von grundlegender Bedeutung und so dominant, dass es verzeihlich ist, wenn wir zunächst einmal die andere bemerkenswerte Ebene übersehen: Damit meine ich die unzähligen Gefühle, die durch *Emotionen* als Reaktion auf die endlosen Begegnungen mit den Lebewesen, Gegenständen und Abläufen in der Welt um uns herum erzeugt werden, mit den Dingen, die man tut, sieht und hört, die man isst und trinkt, mit Sonnenlicht, Nebel und Regen, mit netten Menschen, die wir lieben, wie auch mit Schurken, einschließlich dessen, was wir über diese Lebewesen, Dinge und Situationen denken. Jedes von ihnen beschwört ein gerüttelt Maß an Gefühlen herauf, aber man sollte festhalten, dass die meisten dieser einzelnen Gefühle von den *Emotionen* verursacht werden, die ihre jeweilige Komik und Dramatik subtil oder geradeheraus hervorbringen. Solche Gefühle werden nicht durch die homöostatische Regulation verursacht, die innerhalb des Organismus homöostatische Gefühle auslöst und für die Aufrechterhaltung des Lebens verantwortlich ist. Diese Unterscheidung ist auch hier von entscheidender Bedeutung.

Da ist es kein Wunder, dass das Affektleben für Menschen der Schwerpunkt ist und dass der *Fühlende Geist* durchaus das Kernstück unseres Daseins sein könnte. Der *Fühlende Geist* »kommentiert« ständig den gesamten Lebensprozess, denn er beschreibt sein Auf und Ab unter dem Gesichtspunkt von *Affekten*. Er warnt uns vor Risiken und Gefahren, lenkt aber die Aufmerksamkeit auch auf gute Gelegenheiten. Er feiert den Erfolg des Lebens, indem er uns Wohlbefinden und echtes Vergnügen schenkt, und alles geschieht dank der homöostatischen Gefühle, die er erfunden hat und hervorbringt und die uns zuverlässig mitteilen, dass die ständig laufenden physiologischen Prozesse tatsächlich die unseren sind, dass sie in dem Teil des Universums ablaufen, den wir als unseren Körper kennen.

III

Unser Geist arbeitet während eines großen Teils unserer wachen Stunden im Wahrnehmungsmodus: Wir nehmen die Anblicke und Geräusche aus unserer Umgebung wahr, die Tasteindrücke, die wir von den Gegenständen bei Berührungen erhalten, die Gerüche und Geschmacksimpressionen, die uns in die Quere kommen. Aber wie wir bereits erfahren haben, ist der Wahrnehmungsmodus nur ein Teil unseres mentalen Lebens. Wie erwähnt, kann der Geist in kürzester Zeit vom *Wahrnehmenden* zum *Reflexiven/Linguistischen* Modus wechseln. Er kann augenblicklich umschalten, innerlich überprüfen, was gerade vorgefallen ist, und es sowohl mit der Vergangenheit als auch mit einer möglichen Zukunft verknüpfen. Wenn wir auf diese Weise den Modus wechseln, *übersetzen* wir häufig auch die Bilderwelt, die es systematischer zu überprüfen gilt, sodass die Wörter, die für die Gegenstände, Qualitäten, Abläufe und Folgen unserer Wahrnehmung stehen, deutlicher hervortreten und ein verbales Narrativ bilden, das unsere analytischen Fähigkeiten bereichert und den Ergebnissen unserer Reflexionen einen Feinschliff verleiht. Ein Teil unseres Reflexiven Handlungsmodus ist zwar der zielgerichteten Überlegung gewidmet, ein anderer Teil besteht aber auch aus einem einfacheren Wechsel weg von dem laufenden Wahrnehmungsprozess und hin zu einer innerlichen, weniger fokussierten Form mentaler Prozesse. Wie sich der Modus der mentalen Abläufe ändert, wurde von Marcus Raichle zutreffend beschrieben und von Vinod Menon sowie der neurologischen Arbeitsgruppe in Stanford weiter erforscht, wobei sie einen »Standardmodus« der mentalen Verarbeitung nachwiesen.[7] Und dank der Möglichkeiten, die sich heute durch moderne bildgebende Verfahren für die Erforschung des menschlichen Gehirns eröffnen, ist deutlich geworden, dass der reflexive, durch Sprache angereicherte »Standardmodus« sich eines anderen Netzwerks von Arealen der Großhirnrinde bedient als der *Wahrnehmende* und der *Fühlende Geist*. Anders als die primären und assoziativen Areale, die von den grundlegenden Wahrnehmungsprozessen benötigt werden – und im Fall der Inselrinde auch von den Affekten –, basiert der »Standardmodus« auf verschiedenen mesialen (an der Mittellinie gelegenen) Rindenarealen, die sich insbesondere in der Scheitel- und Stirnregion befinden.[8] Wie man außerdem erwähnen sollte, lieferte die Psychiaterin Nancy Andreasen eine wertvolle Beschreibung der mentalen Standardtätigkeiten, als sie das innere Geplauder bei manchen ihrer Schizophreniepatienten schilderte. Ihre faszinierende Beobachtung nahm die Beschreibung des Standardmodus in der normalen Bevölkerung vorweg.[9]

IV

In der Vergangenheit haben wir die gut durchdachten, gefestigten Tatsachen, die jedes Individuum im Laufe der Zeit erlebt und die man in einer einzigen Sichtweise zusammenfassen kann, mit Begriffen wie »erweitertes Bewusstsein« bezeichnet. In Wirklichkeit ist »erweitertes Bewusstsein« aber unter den Gesichtspunkten, die in diesem Buch dargelegt und vorgeschlagen werden, eine unzutreffende Bezeichnung. Was wir als erweitertes Bewusstsein bezeichnet haben, ist nicht eine andere, größere Form des Bewusstseins, sondern eine auf einer hohen Ebene recht harmonisch integrierte Sammlung von Ereignissen im *Geist*, die dessen Besitzer die Möglichkeit verschafft, das Erlebnis des derzeitigen Augenblicks mit dem Erlebnis einschlägiger Ereignisse, die zur Vergangenheit des jeweiligen Individuums gehören, in Verbindung zu bringen. Unter alltäglichen Bedingungen läuft diese reichhaltige Integration vorwiegend im mentalen Hintergrund und damit *unter*bewusst ab, man kann sie aber bei Bedarf hervorholen und bewusst machen. Sie bildet sogar die Grundlage für das einzigartige Ich, das zur Definition unserer individuellen Persönlichkeit beiträgt.

Für diese Leistung eignet sich die Bezeichnung *Moderner Integrierter Geist*. Aus Sicht der Gehirnareale, die gemeinsam aktiviert werden müssen, um ihn hervorzubringen, ist er ein lebhafter Prozess, aber eigentlich handelt es sich um einen relativ ruhigen Zustand im Vergleich zu zahlreichen Bedingungen, unter denen positive und negative emotionale Ereignisse in dem Bestreben, schnell das homöostatische Gleichgewicht wiederzugewinnen, verschiedene Alarm- und Abwehrsysteme heranziehen.

Der Prozess des *Modernen Integrierten Geistes* erfordert die gleichzeitige Tätigkeit vielfältiger anatomischer und physiologischer Mitwirkender, nämlich der *Fühlenden, Wahrnehmenden und Reflexiv/Linguistischen* Abläufe. Die dahinterstehende neurobiologische Architektur schafft die Möglichkeit, dass (a) vom Fühlen abgeleitete Erlebnisse und (b) wahrnehmende, reflexive, linguistische und kreative Prozesse sich praktisch artikulieren.

Letztlich sind in unseren wachen Stunden viele Spielarten der Zusammensetzung des *Geistes* möglich und befähigen uns zu Formen menschlicher kreativer Tätigkeiten. In ihrer höchsten Form erfordert Natürliche Intelligenz auch die höchste Form von *Geist* – damit meine ich einen Geist, der auf seiner vielfältigsten, komplexesten und fröhlichsten Ebene tätig ist.

Kapitel 6

Das Dasein fühlen

I

Wenn wir nicht mehr mit anderen und uns selbst sprechen, wenn wir still und bequem dasitzen, wenn wir das Nachdenken über das Problem, das seit dem Morgen an uns nagt, auf später verschieben, wenn wir uns entspannen, tief durchatmen und uns im Sessel noch weiter zurücklehnen, bemerken wir unter Umständen ein besonderes Gefühl, von dem wir kaum wussten, dass es sich einstellen kann, weil es weniger auffällig ist als alle anderen Gefühle, die unsere Aufmerksamkeit beanspruchen und auf sich ziehen. Und doch sind solche stillen, flüchtigen Gefühle – ich bezeichne sie gern als »Daseinsgefühle« – paradoxerweise die lebendigen, dynamischen Hauptdarsteller in unserer Argumentation über die Grundlagen des Bewusstseins. Daseinsgefühle leisten wichtige Beiträge zum Prozess des *Fühlenden Geistes* und erzählen eine wichtige Geschichte.

Dass Daseinsgefühle meist so subtil sind, liegt daran, dass sie nicht als Folge auffälliger Ereignisse oder neuer Objekte auftreten; sie erwachsen nicht aus den beunruhigenden Nachrichten, die Mary uns beim Mittagessen überbracht hat, oder aus der Begegnung mit John am frühen Morgen, über die wir uns so amüsiert haben. Bei den Daseinsgefühlen geht es nicht um die Wahrnehmung dessen, was um uns herum ist. Nein, sie bestehen aus einheitlichen, aber hintergründigen Belegen dafür, dass die Luft in unsere Lunge und wieder herausströmt, dass wir die Wärme unseres Körpers und unseren Herzschlag empfinden können, dass wir vielleicht ein gewisses Maß an Ruhe und Wohlbefinden spüren, während wir uns flüchtig daran erinnern, dass da – ja – ein Problem ist, das wir bald lösen müssen, aber nicht jetzt, es kann noch warten. Insgesamt sind die Gefühle im Zusammenhang mit *Atmung, Körpertemperatur, Herzschlag und Blutkreislauf* nach meiner Überzeugung der wichtigste Beleg, dass wir existieren, und sie machen uns diese Tatsache ungezwungen und ohne weitere Vorwände bewusst.[10]

Wie wir noch genauer erfahren werden, ist für die Daseinsgefühle der gleiche Mechanismus verantwortlich, der hinter allen homöostatischen Gefühlen steckt – schließlich sind Daseinsgefühle nichts anderes als homöostatische Gefühle –, und doch sind sie anders und grundlegender Natur. Warum ist das so? Ein stichhaltiger Grund lautet: Ob wir es uns wünschen oder nicht, sie sind *immer* vorhanden, teilen uns mit, dass Leben vorhanden ist, und stehen ebenso bereit, jede Gefahr für dieses Leben anzukündigen und uns zu warnen – sie sind die interessierte und selbst auch *bewusste* Partei bei möglichen Risiken oder drohenden Gefahren. Schon ein kleiner Anstieg der Körpertemperatur, der aus dem Organismus kommt, wird als Fieber wahrgenommen und weckt die ihm zukommende Aufmerksamkeit; eine kleine Verengung der Luftwege lässt uns um Atem ringen, damit wir nicht ersticken. Zu unserem Glück sind Daseinsgefühle die meiste Zeit ruhige, wachsame Botschafter, unverkennbare Anzeichen, dass in unserem Körper »das Leben abläuft«. Da sie so spontan und bewusst sind, wissen wir ganz genau, dass wir existieren.

Was ist ein »Daseinsgefühl« eigentlich aus physiologischer Sicht? Oder allgemeiner gefragt: Wenn Daseinsgefühle ein Teil der Gefühle sind, die wir als »homöostatische« bezeichnen, welcher Mechanismus steckt dann hinter ihrem Auftreten? Eine erste Antwort lautet: *Alle* homöostatischen Gefühle basieren auf einem ständigen Strom von Beschreibungen der zahlreichen Bestandteile des aktiven Lebensprozesses innerhalb unseres Körpers. Manche dieser Beschreibungen sind skizzenhaft, andere detailliert, aber insgesamt wird der kumulative Prozess zu einem *Vielkanal-Bericht über das sich ständig entfaltende Leben, der dank der Interozeption übermittelt wird.*

Jetzt müssen wir erst einmal innehalten. Was ist »Interozeption«? Der Begriff bezeichnet die systematische, umfassende, ständige, an den Prozess des gesamten *Geistes* gerichtete Berichterstattung über Tätigkeiten, die im *Körperinneren* im Dienste eines homöostatisch gut regulierten Lebens ausgeführt werden. Mit anderen Worten: Interozeption ist der Oberbegriff für die biologischen Mechanismen und Abläufe, welche die Funktion des *Fühlenden Geistes* möglich machen. (Die neurobiologischen Einzelheiten der Interozeption erläutere ich in den Kapiteln 8 und 12.) Die von der Interozeption beschriebenen Abläufe zielen darauf ab, unzählige Parameter der Körperfunktion in einem Bereich zu halten, der einer Fortsetzung des Lebens dient – und wenn ich unzählige schreibe, meine ich das beinahe wörtlich, denn in der Tat sind sehr viele Funktionsbestandteile gleichzeitig im Spiel; das Spektrum reicht von chemischen Botschaften in Körper und Gehirn bis zu den Bewegungen mancher Körperteile, die durch die daran beteiligten Muskeln verursacht werden. Mithilfe der Interozeption wird beurteilt, welche Parameter in einem mit dem Leben vereinbaren – homöostatischen – Bereich oder außerhalb davon liegen, und auf diese Beurteilung folgt ständig die Anpassung der Funktionen, die notwendig ist, um die Lebensvorgänge im homöostatische Bereich zu halten. Nebenbei bemerkt, gibt es für die Homöostase keinen festgelegten Sollwert, sondern ein *lebenskompatibles Spektrum von Werten*, wie ich es gerne nenne. Diese Werte werden ständig an den physiologischen Zusammenhang und die Notwendigkeiten des Augenblicks angepasst. Das ist einer der Gründe, warum der Versuch, die Homöostase durch den Vergleich mit einem Thermostat zu erklären, nicht hilfreich ist. Homöostase betrifft die gleichzeitige Verwaltung einer außerordentlich großen Zahl von Parametern, und für keinen davon gibt es einen idealen, festgelegten Sollwert, sondern immer ein Spektrum möglicher Werte.[11]

Von der Interozeption werden vielfältige Parameter überwacht. Dazu gehören natürlich die Konzentration mehrerer chemischer Substanzen im Organismus, aber beispielsweise auch die Muskelspannung in den Eingeweiden, so in der glatten Darmmuskulatur, und der Zustand der Schleimhautauskleidung von Luft- und Speiseröhre; kurz gesagt, handelt es sich um eine umfassende und detaillierte Übersicht über zahlreiche Lebensparameter im Körperinneren, und das im kleinen Maßstab ebenso wie im großen. Die fortdauernde Aufrechterhaltung des Lebens hängt davon ab, dass diese Parameter in einem geeigneten Bereich gehalten werden. Die »Körperbehörde« unseres Daseins ist in aller Stille damit beschäftigt, im Geist passende Kurzdarstellungen abzulegen, die mit den an der Lebensfront wahrgenommenen Notwendigkeiten zu tun haben, und ebenso beschäftigt sie sich damit, die notwendigen Korrekturen vorzunehmen und zu genehmigen, wenn sie zur Aufrechterhaltung des Lebens erforderlich sind. Dabei stellt sich allerdings die Schwierigkeit, dass wir die guten Absichten und

Verdienste solcher Tätigkeiten nur in stillen Augenblicken vermuten und bewerten können, beispielsweise jetzt, wenn Sie als aufmerksame Leserinnen oder Leser darauf achten können, was der Körper über den Ablauf seines Lebens gerade berichtet. Und während wir noch innehalten und reflektieren, sollten wir beachten, dass die Interozeption in zwei Schritten abläuft. Im ersten Schritt »nimmt sie wahr und fühlt«, sodass sie darüber berichten kann, was vielleicht falsch läuft. Auf diesen Schritt folgt dann aber eine »Korrektur«, sofern sie notwendig ist. Interozeption besteht nicht nur aus der Wahrnehmung und Bewertung des Lebenszustandes im Körperinneren sowie der Berichterstattung darüber, sondern auch aus der ständigen Tätigkeit, die Lebensparameter so anzupassen/zu korrigieren, dass das Leben sich fortsetzen kann, oder aber sie erteilt uns unter der Voraussetzung, dass alles ordnungsgemäß funktioniert, auf dem Weg über ein Gefühl im Bereich des Wohlbefindens den Rat, den Augenblick zu genießen!

Ein wenig später, während wir uns noch in unserem Sessel entspannen und an die subtilen, unendlich komplexen Abläufe in unserem Inneren – man könnte auch sagen: unter unserem eigenen Dach – denken, verspüren wir plötzlich Durst und wenig später vielleicht auch Hunger. Heute Nachmittag sind das neue Gefühle, und doch sind sie uns vollkommen vertraut, denn wir empfinden sie jeden Tag, und das auch mehr als einmal. Aber einen Augenblick: Jetzt kommt uns eine wichtige Erkenntnis. Während wir in aller Ruhe diese hintergründigen Entwicklungen analysieren, fällt uns etwas Ungewöhnliches auf: Die Gefühle, die wir jetzt haben – und zwar alle –, sind uns *bewusst*. Was meine ich damit? Damit will ich sagen: *Homöostatische Gefühle legen ihre Hauptaussage spontan, unverkennbar und ohne Umschweife offen*, aber auch so, dass wir sie eigentlich nicht übersehen können. Mit spontan meine ich, dass der bewusste Zustand dem Gefühl *innewohnt*; es gibt für seinen bewussten Zustand keine andere Ursache als seine eigene Funktionsweise. Wenn wir *fühlen, wissen* wir.

Jedes Gefühl überbringt eine eindeutige, konkrete und *bewusste* Nachricht über unseren Körper, seine Zustände und Bedürfnisse. Und jedes Gefühl *veranlasst* uns, zu tun, was unser Körper höflich, aber nachdrücklich fordert – zum Beispiel Wasser zu trinken, den Schatten aufzusuchen, etwas zu essen –, um so dazu beizutragen, das Leben in unserem eigenen Inneren aufrechtzuerhalten. Die ursprüngliche, unverzichtbare Spontaneität des Bewusstseins ist eines seiner häufig übersehenen Merkmale, klar ist aber, dass der Prozess ohne ein solches Merkmal nicht funktionieren würde. *Homöostatische Gefühle müssen bewusst sein, sonst wäre das Bewusstsein nicht in der Lage, seine Pflichten zu erfüllen – und »Pflichten« sind es, denn unser Leben hängt von ihnen ab!*

Das alles steht im Einklang mit dem, was ich zuvor bereits festgestellt habe: *Die Daseinsgefühle erzeugen und demonstrieren den bewussten Zustand unseres ganzen Seins.* Leise und ganz natürlich sagen sie uns, dass wir – ja – am Leben sind und dass das Leben in einem bestimmten Teil des Universums vorhanden ist, der sich zufällig im Inneren unseres eigenen lebenden Körpers befindet, ganz buchstäblich in dem physikalischen Volumen, das unser Körper mit dem darin befindlichen Leben ausfüllt. Und natürlich ist das Schauspiel damit nicht zu Ende: Über diejenigen Gefühle hinaus, die unter dem Banner von Daseinsgefühlen laufen, können weitere homöostatische Gefühle hinzukommen, unser Leben schützen und uns beim Überleben unterstützen. Herausragende Beispiele sind Hunger und Durst, ebenso der Schmerz, der uns warnt, wenn für unseren Organismus eine konkrete physische Gefahr besteht.

Je nachdem, wie aktiv unsere mentalen Tätigkeiten sind, kommt unter Umständen eine Zeit, in der die Daseinsgefühle so leise arbeiten, dass man sie auch als *Hintergrundgefühle* bezeichnen könnte, weil sie sich »nahezu« unbemerkt hinter den Kulissen unseres Geistes herumtreiben. Sie sind da, stehen bereit, Gefahren wahrzunehmen, und – besonders wichtig – liefern uns einen Kern für den Prozess unseres eigenen Ich und für unsere Identität als Menschen. Ihr Markenzeichen ist die Unaufdringlichkeit; sie scheuen das Rampenlicht; sie müssen nicht zum vorderen Rand der Bühne kommen und Hamlets Monolog rezitieren.

Jetzt ist es an der Zeit, aus Ruhe und Entspannung zurückzukehren. Mit ein wenig Glück und mithilfe der Erkenntnis, dass Augenblicke des stillen Nachdenkens oft neue Gedanken provozieren, sind wir jetzt vielleicht bereit, uns eine höchst faszinierende Frage zu stellen: Wäre es möglich, dass wir alle diese Gefühle nicht deshalb empfinden, weil wir mit einem biologischen Geschenk namens »Bewusstsein« ausgestattet sind, sondern dass der Prozess in Wirklichkeit andersherum abläuft? Wäre es denkbar, *dass wir das so hochgelobte Geschenk des Bewusstseins besitzen, weil die homöostatischen Gefühle ständig im Überfluss vorhanden sind?*[12]

An dieser Stelle müssen wir ohne große Umschweife zur Kenntnis nehmen, dass die Antwort auf diese scharfsinnige Frage eindeutig *Ja* lautet. Das Leben, das in unserem Körper abläuft, muss reguliert und von einem Augenblick zum nächsten fein abgestimmt werden; Gefühle, ob stark oder schwach, angenehm oder unangenehm, machen diese Prozesse der Lebensregulation möglich, sodass ein gewisses Maß an Homöostase – ein zeitweiliger Waffenstillstand im Kampf ums Leben – aufrechterhalten werden kann. Die Nachrichten, die von den einzelnen Gefühlen mitgebracht werden, erscheinen uns, dem Eigentümer des »fühlenden Körpers«, ganz natürlich, sodass das Bedürfnis nach Wasser oder Nahrung, nach Wärme oder einer kühlen Brise ordnungsgemäß zur Kenntnis genommen wird und das Bedürfnis befriedigt werden kann. Dieser nützliche Prozess ist aber nur deshalb möglich, weil jede Gefühlsnachricht als solche *spontan bewusst* ist. Das in jedem homöostatischen Gefühl eingebettete bewusste Element bringt es uns insbesondere dann, wenn ein homöostatisches Gefühl uns vor möglicher Lebensgefahr warnt, *zwangsweise zur Kenntnis*; es drängt in eindeutigen Begriffen zu Taten, und zwar zu solchen, die sich für den jeweiligen Organismus und das Leben, das er in sich trägt, als vorteilhaft erweisen.

Die Gesamtheit des »Bewusstseins«, das von unseren ständig vorhandenen »Daseinsgefühlen« und weiteren Gefühlen wie Hunger und Durst geliefert wird, führt im Prozess des Geistes zu einer üppigen *Gefühligkeit*. Aber diese Gefühligkeit existiert neben den ganzen Bildern, die von den Tätigkeiten des *Wahrnehmenden* und *Reflexiven/Linguistischen* Geistes zur gleichen Zeit erzeugt und gezeigt werden. Diese beiden parallel verlaufenden Ereignisketten haben zur Folge, dass der Inhalt der Wahrnehmenden/Reflexiven/Linguistischen Kette zwangsläufig von der Kette der Gefühle beeinflusst wird; beide nehmen gemeinsam den Raum des Geistes ein und werden deshalb gemeinsam wahrgenommen. Die üppige, gleichzeitige Gefühligkeit sorgt dafür, dass der Inhalt der Wahrnehmenden/Reflexiven und Linguistischen Kette *bewusst* werden. Zusammen erzeugen sie den Bewusstseinsstrom, der sich in den meisten wachen Augenblicken durch unser Leben zieht und den Regulationsprozess so gut einstellt, dass das Leben die Oberhand behält.

Wie wir später noch genauer erfahren werden, werden die Ereignisse der Gefühlskette und der Wahrnehmenden/Reflexiven/Linguistischen Kette zwar in räumlich getrennten Gruppen von Gehirnbestandteilen eigenständig erzeugt, sie laufen aber *gleichzeitig* ab. Es sind parallele Gruppen von Ereignissen, die zeitlich nebeneinanderstehen.

Der Versuch, die Quelle des Bewusstseins in einer dafür vorgesehenen »bewusstseinsherstellenden« Vorrichtung zu finden, ist nutzlos. Bewusstsein wird nicht in einem eigenen Teil unseres Organismus erzeugt, der ausschließlich dazu vorgesehen wäre, »Bewusstsein herzustellen«. Vielmehr lautet meine Aussage: *Es entsteht als unmittelbare Folge homöostatischer Gefühle, die neben einer nichtbewussten mentalen Bilderwelt dargestellt werden.* Die nichtbewusste Bilderwelt *wird zwangsläufig bewusst, weil der Organismus, zu dem sie gehört, bewusst ist*. Bewusstsein ist eine angenehme Nebenwirkung des unverzichtbaren Prozesses, das Leben zu regulieren.[13]

Die Lösung für das grundlegende Rätsel des Bewusstseins besteht darin, die Mechanismen zu beschreiben, durch die homöostatische Gefühle durch eine gut organisierte Zusammenarbeit von Körper und Gehirn erzeugt werden, das heißt durch eine leistungsfähige Interaktion eines Nervensystems mit seinem eigenen Körper im Rahmen eines produktiven Zwiegesprächs, das dazu dient, das Leben aufrechtzuerhalten.

II

Die fortdauernde Gesamtheit der Daseinsgefühle ist dank ihrer spontanen, unermüdlichen bewussten Stellung die Grundlage und der Garant des Bewusstseins.

Gemeinsam tragen die Daseinsgefühle zu einem ständigen »Gefühl des Seins« bei, das sich leicht in Wohlbefinden, Unwohlsein oder dazwischenliegende Zustände verwandeln kann, je nachdem, wie es der derzeitige Zustand des Lebens im Organismus vorschreibt.

Gefühlsprozesse sind physiologische Bestandteile der homöostatischen Regulation; diese Verbindung ist zum Teil eine Erklärung dafür, warum sie *spontan bewusst sind.* Wenn Gefühle an der Lebensregulation mitwirken und den von ihnen beseelten Organismus unterstützen sollen, indem sie für sein Schicksal die entscheidende Rolle der Lebenserhaltung spielen, *müssen* sie bewusst sein. Letztlich wirken alle Gefühle, selbst die Gefühle der Emotionen, an der Lebensregulation mit und helfen bei der Fortsetzung des Lebens. Sich ihrer Gegenwart automatisch bewusst zu sein ist von Vorteil, denn sie müssen »reguliert« – zurückgestutzt oder verstärkt – werden, damit sie laufende homöostatische Prozesse nicht beeinträchtigen, sondern zu ihnen beitragen, wo es möglich ist.

Angesichts seiner inneren Unvollkommenheiten und seiner doppelten Abhängigkeit von (a) der Umwelt und (b) den Tätigkeiten, welche die in dieser *Umwelt* vorhandenen *Risiken* und *Beschränkungen* in Rechnung stellen, muss Leben immer reguliert werden.

Das Leben aufrechtzuerhalten ist für alle Lebewesen die entscheidende Notwendigkeit. Affektphänomene bilden ein Regulationssystem, das dieser Notwendigkeit gerecht wird.

Affekte bedienen sich – in Form bewusster *Gefühle,* die dem beherrschenden Geist eines Organismus zuverlässig bekannt gegeben werden – des Bewusstseins, um lebensrettende Alarmsignale und dem Leben nützliche, der Orientierung dienende Empfehlungen zu geben.

Kapitel 7

Die Welt um uns und die Welt in uns

I

In unserem Alltagsleben ist die äußere Umwelt so wichtig, dass die physischen Einzelheiten und Handlungen der Menschen sowie die Dinge um uns herum in der Regel im Inhalt unseres Geistes dominieren. Und doch werden unsere Beziehungen zu dieser Außenwelt zwangsläufig durch die grundlegende, aber immer wieder übersehene Welt unseres eigenen Körperbaus vermittelt, durch die Welt des Lebens, die unser Organismus in unserem Inneren zuwege bringt. Deshalb findet Leben seinen Ausdruck nicht nur in den homöostatischen Kerngefühlen, die sich auf Körpertemperatur, Atmung und Blutkreislauf beziehen – unsere Daseinsgefühle –, sondern auch in Form von (I) homöostatischen Gefühlen im Zusammenhang mit unserem ganzen Ich – darunter Wohlbefinden, Müdigkeit, Hunger, Durst oder Schmerzen –, (II) emotionalen Gefühlen im Zusammenhang mit unseren sozialen Verhältnissen – Erfolge, Enttäuschungen, nicht realisierte Ziele – und (III) emotionalen Gefühlen, die durch andere Lebewesen ausgelöst werden, aber auch durch die Gegenstände, Abläufe und Ereignisse, die unsere Aufmerksamkeit beanspruchen und uns lachen, weinen oder in Wut geraten lassen. Wie bereits erwähnt, werden alle diese recht unterschiedlichen affektiven Phänomene leider oftmals beiläufig als »Emotionen« bezeichnet. Diese Achtlosigkeit ist in der Welt der Affekte die Ursache für viel Verwirrung.

Für das Ungleichgewicht zwischen dem *faktischen* Universum, das uns objektiv umgibt, und dem Universum, das wir *fühlen*, gibt es viele Gründe. Manche dieser Gründe erwachsen aus unserer biologischen Natur, manche auch aus der Gestaltung, die unserer Umwelt und den Perspektiven, aus denen wir sie betrachten, von Kultur und Geschichte auferlegt wurde.

Aber wie dem auch sei: Das seltsame Ungleichgewicht zwischen dem Gewicht, das wir der Außen- und Innenwelt unseres Organismus beilegen, erklärt teilweise eine seltsame Tatsache: Manche besonders detaillierten Beschreibungen der Menschheit – wie sie beispielsweise von Philosophen, Psychologen und Neurobiologen vertreten wurden – konzentrieren sich auf die *Welt von Kognition und Intellekt*, in der objektive Tatsachen und Gedanken die Oberhand haben; sie übersehen aber zu einem großen Teil oder sogar völlig die *Welt von Lebensregulation und Affekt*, jene Welt, in der homöostatische Gefühle und Emotionen die Schlüsselrolle einnehmen. Natürlich – und glücklicherweise – tun Literatur, Theater und Film, Musik und Künste in der Regel genau das Umgekehrte.

Dieses Ungleichgewicht ist auch eine Erklärung für eine weitere Seltsamkeit: *Für die wissenschaftlichen Anstrengungen, objektiv zu beschreiben, was Bewusstsein ist, und zu erklären, wie es zustande kommen kann, spielte die Welt der Kognition die Hauptrolle; der Beitrag der Gefühle zu diesem Prozess wurde dagegen nahezu völlig übergangen.*

Angesichts dieses historisch lange andauernden Ungleichgewichts hätte man erwartet, dass kognitive Anstrengungen zu einer hieb- und stichfesten, allgemein anerkannten Lösung für das sogenannte schwierige Problem des Bewusstseins geführt hätten. Das ist aber eindeutig nicht der Fall. Dass die auf Kognition basierenden Versuche, das Bewusstsein befriedigend zu erklären, immer wieder gescheitert sind, vermittelt uns eine gewisse Hoffnung, dass Bestrebungen, die von der vernachlässigten Erforschung von Leben und Affekten ausgehen, endlich mehr Aufmerksamkeit erhalten und dass ihre Erklärungskraft anerkannt und möglicherweise sogar bevorzugt wird.

II

Die Gründe, warum man das Bewusstsein durch eine Beschreibung der Kognition nicht zufriedenstellend erklären konnte, müssen wir genauer betrachten. Es liegt sicher nicht an den mangelnden intellektuellen Fähigkeiten der Beteiligten, ob sie ihren wissenschaftlichen Hintergrund nun in Psychologie oder der Philosophie des Geistes, in Molekularbiologie oder Teilchenphysik haben. Ursache des Versagens ist möglicherweise die Annahme, die Mechanismen, die über die Lebensregulation bestimmen, seien aus irgendeinem Grund zu bescheiden, als dass sie die intellektuelle Stratosphäre stützen könnten, die das Bewusstsein angeblich benötigt. Das ist, gelinde gesagt, eine bizarre Annahme, aber ich habe selbst miterlebt, wie bemerkenswert kluge Köpfe genau auf diese Weise argumentiert haben. Soweit wir aber erkennen können, liegt etwas Großartiges in der Komplexität des Lebens und seiner Regulation, und wir können davon ausgehen, dass die einschlägigen Phänomene durchaus in der Lage sind, die schnörkellosen, aber radikal umwälzenden Anfänge des Bewusstseins hervorzubringen. Wie wir gerade erfahren haben, liefern das Leben und seine Regulationsmechanismen letztlich ständig diese genialen

Anfänge in Form homöostatischer Gefühle, und das beginnt mit jener grundlegenden Form, die wir auf den Namen *Daseinsgefühle* getauft haben. Ihren Ursprung haben sie alle in den physiologischen Abläufen, die hinter dem *Fühlenden Geist* stehen.

Was solche Gefühle leisten, mag auf den ersten Blick einfach oder fast banal erscheinen, aber es hat weitreichende Folgen. Homöostatische Gefühle zeigen ohne jede Ablenkung oder Hemmung, dass sie zusammen mit den Tatsachen und Gedanken, die von den Prozessen des *Wahrnehmenden* und *Reflexiven/Linguistischen Geistes* gleichzeitig in ihren jeweiligen Bildern dargestellt werden, *zum Inneren eines ganz bestimmten Lebewesens gehören*. Mit anderen Worten: Homöostatische Gefühle lokalisieren den ablaufenden Geistesprozess in einem bestimmten Organismus/Körper, ein wesentliches Zeichen, das den Lebensprozess als bewusst kennzeichnet. Und damit nicht genug: *Indem homöostatische Gefühle die Notwendigkeit physiologischer Anpassungen wahrnehmen – oder auch nicht –, stellen sie erneut ihre bewusste Natur unter Beweis.* Der Inhalt mancher homöostatischen Gefühle liefert den unübersehbaren Hinweis, dass der Lebensprozess innerhalb des jeweiligen Organismus aus dem Gleichgewicht geraten ist und der Fürsorge bedarf, womit klar und eindeutig nachgewiesen ist, dass sie *aktuelles* bewusstes Wissen besitzen.

Homöostatische Gefühle verraten selbst, dass sie das ganze Gebäude des Geistes dazu *antreiben* können, das Lebewesen, in dem sie erzeugt werden, zu schützen. *Homöostatische Gefühle sind keine passiven Wahrnehmungen.* Sie summieren sich zu einer anregenden, reichhaltigen Sammlung affektbeladener Tatsachen – das heißt, objektiver Darstellungen des Körpers, die in bestimmten Zusammenstellungen präsentiert werden und zuverlässig von Affekten mit bestimmten Qualitäten und Intensitäten begleitet sind; diese Qualitäten und Intensitäten klassifizieren die Lebensabläufe als mehr oder weniger zufriedenstellend, wobei es zu bedenken gilt, dass die Ziele solcher Abläufe *Selbsterhaltung und Überleben* sind. Die Qualitäten und Intensitäten setzen ihrerseits ganz natürlich die Abläufe in Gang, die letztlich physiologische Anpassungen vornehmen, sobald sie gebraucht werden, und damit die durch ein angreifbares Dasein aufgeworfenen Probleme lösen. Der Zweck solcher Anpassungen muss klar sein: *Sie sollen die Existenz des einzelnen Organismus fortsetzen, in dem die Einschätzung stattfindet.*

Homöostatische Gefühle sind bewusst, und ihr bewusster Zustand hat Folgen.

III

Gefühle stellen eine folgenschwere biologische Entwicklung dar. Der entscheidende Teil ihrer umwälzenden Wirkung ergibt sich, weil sie spontan in der Lage sind, sich über das mentale Getümmel zu erheben und *bewusst* zu werden. Wir wissen, dass sie vorkommen, und ihre Gegenwart ist nicht hintergründig. Da sie spontan *bewusst* sind, können Gefühle den übrigen Teilen des Geistesprozesses *umsetzbares Faktenwissen* über den *von Augenblick zu Augenblick ablaufenden Zustand des Lebens im Inneren des betreffenden Organismus liefern.* Solches Wissen findet seinen Ausdruck in gefühlten *Qualitäten* (zum Beispiel angenehm oder unangenehm) und gefühlten *Quantitäten* (zum Beispiel intensiv oder schwach). Insgesamt liefern die Gefühle der weiten Arena des Geistes ständig eine *Bewertung* des Lebensprozesses. Auch dabei nehmen die Gefühlsnachrichten keine verbale oder zahlenmäßige Form an. Sie tauchen vielmehr in Form von *Affekten* auf und nutzen die Bandbreite von Qualität und Intensität, um ihre Erkenntnisse zu übermitteln. Innerhalb der Arena der mentalen Ereignisse informieren Gefühle die übrigen laufenden Geistesprozesse über Probleme, denen der Organismus von Augenblick zu Augenblick gegenübersteht, und auch über Gelegenheiten. Gefühle teilen in der Sprache der Affekte mit, was einem lebenden Organismus tatsächlich widerfährt. Ist eine bestimmte Situation oder ein Ereignis der Fortsetzung des Lebens dienlich, oder ist das Leben im Augenblick bedroht? Bemerkenswerterweise haben solche Mitteilungen nicht die Wirkung, »den Frieden zu stören«, sondern sie enthalten auch den Keim einer Reaktion auf das Problem, das sie benannt haben. Die Reaktion weist in der Regel in Richtung einer Korrektur. Teilen Gefühle des Wohlbefindens mit, dass das Leben günstig verläuft, besteht die Reaktion vielleicht darin, dass die Lebewesen ihre Umwelt erkunden oder eine wohlverdiente Ruhepause genießen. Mit anderen Worten: Gefühle sind nicht nur (a) *wertvolle Informanten*, sondern auch (b) *wertvolle Gutachter* und (c) *Ersthelfer*. Damit kann der kreative Geist, der sich jetzt der Umstände bewusst ist, reagieren, indem er angemessene Lösungen *voranbringt* und *ausführt*, womit er dazu beiträgt, die Lebensaussichten des Organismus zu erhalten oder sogar zu erweitern.

Wer bis hierher aufmerksam gelesen hat, wird bemerkt haben, dass es hier nicht nur um die Physiologie der Homöostase geht, sondern eigentlich auch um die Vorteile des Bewusstseinsprozesses als solchem. Die komplexe, zweistufige Tätigkeit, die zuvor skizziert wurde, legt die »Absichten« des Bewusstseins offen, und das ist das Gleiche, wie wenn man die

Absichten homöostatischer Gefühle benennt. Die Tätigkeit umreißt die Mittel für die Lebenserhaltung eines Organismus in einer bestimmten Umwelt und liefert auch Anregungen für die Entwicklung neuer Strategien, die ihren Ursprung in fantasievollen, kreativen Bestrebungen haben. Letztere sind die Folge, wenn man (a) *die inneren Lebensprozesse mit den Bedingungen rund um den Organismus in Beziehung setzt*, und auch, wenn man (b) *nach Regulationslösungen sucht, die sich sowohl mit den physiologischen Merkmalen des Organismus als auch mit den Merkmalen der Umgebung vertragen.*

Zusammenfassend kann man sagen: Mithilfe der bewussten Berichterstattung über den inneren Zustand des lebenden Organismus, die ihren Ausdruck in Form homöostatischer Gefühle findet, können wir die Gegenstände, Handlungen und Gedanken, die uns die kognitive Tätigkeit unseres Gehirns in Hülle und Fülle anbietet, entweder übernehmen oder verwerfen, darunter Vorschläge und sogar Empfehlungen, wie wir mit unserer Lebenstätigkeit vorgehen und überleben sollen.

Diese Formulierung ändert nichts an der Tatsache, dass die Außenwelt – die wir durch die von Natürlicher Intelligenz gespeiste Exterozeption betrachten und erkunden können – die Arena ist, in der sich das Leben abspielt und in der Menschen Erfolg haben oder scheitern. In der Formulierung geht es auch nicht darum, welche Gruppe von Phänomenen innerhalb eines Lebewesens am wertvollsten ist: (a) die Lebensvorgänge im Inneren und die zugehörigen homöostatischen Gefühle oder (b) die mentalen Bilder, welche die äußere Umgebung beschreiben und den Leitfaden für unser Handeln darin bilden. Beide sind offenkundig von Bedeutung, und doch stellt sich hier eine Frage des Vorrangs: *Die Lebensvorgänge in Organismen wie uns können ohne homöostatische Gefühle nicht normal ablaufen*. An dieser Stelle in unserem Narrativ könnte man ebenso gut auch sagen: Sie können nicht ohne Bewusstsein ablaufen. Wäre der Lebensvorgang des Leitfadens von Gefühlen/Bewusstsein beraubt, wären Organismen wie wir nicht lenkbar. Diese Schlussfolgerung ist nicht nur eine Vermutung. Aus Studien der klinischen Neurologie (siehe Kapitel 15) wissen wir, dass wichtige Bewusstseinsstörungen – Koma und vegetativer Zustand – nicht mit der Fortsetzung eines *homöostatisch* regulierten Lebens vereinbar sind. Die vorübergehende Aussetzung des Bewusstseins bei neurologischen Störungen ist für die Betroffenen häufig gleichbedeutend mit der Aussetzung eines unabhängig gesteuerten Daseins. Das Sinnbild für diese Aussage sind die Lebenserhaltungsmaßnahmen, die für solche Erkrankungen das Symbol bilden: Beatmungsgeräte, Dialyseapparate, Herzschrittmacher.

Kapitel 8

Die Wunder der Interozeption

Es ist erstaunlich, in welchem Umfang die Interozeption und ihre biologischen Hintergründe im besten Fall übersehen, missverstanden und unterbewertet oder im schlimmsten Fall einfach ignoriert wurden. In Wirklichkeit gibt es ohne Interozeption weder einen Geist noch ein Bewusstsein oder interessante Verhaltensweisen, über die man sprechen könnte. Interozeption gehört zu den Grundlagen unseres Menschseins. Die Wunder der Exterozeption kann man nur im Zusammenhang der normalen Interozeption richtig einschätzen.

Wenn wir daran denken, wie viele verschiedene chemische Substanzen in jedem Augenblick für die Korrektur fehlgeleiteter innerer Prozesse sorgen oder sich buchstäblich im Erfolg der Reaktionen sonnen, die gerade unser Leben gerettet haben, müssen wir zu dem Schluss gelangen, dass man die hinter der Interozeption stehende Choreografie nur als Wunder bezeichnen kann. Atmung, Kreislauf, Verdauungs- und Immunsystem sind nur einige der Hauptbeteiligten, die durch die Interozeption und ihren Tanz des Lebens koordiniert werden. Dieser Tanz geht – beispielsweise wenn Mechanik und Moleküle auf überraschende Weise interagieren – weit über die Chemie hinaus. Denken wir beispielsweise daran, wie ein plötzlicher Blutdruckanstieg den Verlauf des Aortenbogens verändert, was seinerseits eine Veränderung in der Dynamik des Blutstroms nach sich zieht; im nächsten Augenblick wird eine chemische

Substanz ausgeschieden und verteilt, die den gestiegenen Blutdruck sinken lässt und dem Aortenbogen wieder seine angemessene Form verleiht. Ebenso können wir daran denken, wie der Durchmesser der Bronchien oder des Darmes sehr schnell die Verhältnisse bei der Atmung beziehungsweise Verdauung verändern kann und wie angemessene homöostatische Reaktionen die veränderten Bedingungen schnell in den Normalbereich zurückbringen.

In der Mehrzahl der Fälle handelt es sich dabei um »physiologische« Veränderungen, das heißt, sie liegen im Rahmen der normalen Abläufe und sind schnellen, ungefährlichen Eingriffen zugänglich. In solchen Situationen läuft die *nichtbewusste* Homöostase mit den erforderlichen Reaktionen weiter, und wir bekommen von den unzähligen Anpassungen, die in unserem Inneren in jedem Augenblick unseres Lebens unaufhörlich ablaufen, nichts mit. Bewegt sich eine Funktionsveränderung aber außerhalb der sicheren Grenzen, findet etwas Einfallsreiches statt: Plötzlich *fühlen* wir die Veränderung, das heißt, die Abweichung wird uns durch das jeweilige homöostatische Gefühl *bewusst*. Die Folge ist, dass wir vor einer potenziellen Gefahr in unserem Inneren gewarnt werden. Häufig kann der Organismus selbst etwas unternehmen, um die Abweichung zu korrigieren, und wenn nicht, können wir als bewusste Lebewesen die Gelegenheit ergreifen, die Sache selbst in die Hand zu nehmen und in unserem eigenen Sinne zu handeln oder auch nicht. Dazu steht uns ein breites Spektrum von Eingriffen zur Verfügung, von der Einnahme einer Aspirin-Tablette oder eines abschwellenden Mittels bis zur Fahrt in die nächste Notaufnahme.

Die Interozeption ist für die Überwachung einer erstaunlich großen Zahl chemischer Substanzen und mechanischer

Veränderungen verantwortlich, und ebenso bewundernswert sind die Wege, auf denen sie viele dieser Veränderungen selbstständig und ohne unsere Unterstützung verwalten kann. Wenn aber homöostatische Gefühle ins Spiel kommen und uns ganz buchstäblich sagen, dass wir eingreifen sollen, haben wir die Chance, zu verstehen, warum die Natur sich die Mühe gemacht hat, die gewöhnliche nichtbewusste Homöostase durch einen höher entwickelten Prozess zu ergänzen: die *gefühlsunterstützte Homöostase*, auch unter dem Namen *Bewusstsein* bekannt! Hier werden natürlich Sinn und Wert des Bewusstseins deutlich, und der dafür verantwortliche Apparat offenbart ansatzweise seine innere Funktionsweise. *Zu begreifen, welche wesentlichen Merkmale die Interozeption hat und welche Rolle das Bewusstsein mittels hömöostatischer Gefühle spielt, ist von entscheidender Bedeutung, wenn man in das Rätsel des Bewusstseins vordringen will.*

Im Vergleich zur prachtvollen Wahrnehmung, Reflexion und Kreativität wurde die Welt der Interozeption bestenfalls als Beiwerk betrachtet, und scheinbar fehlt ihr die attraktive, hochkarätige biologische Unterstützung, welche die Kognition so leicht für sich in Anspruch nehmen kann. Wir müssen aber noch einmal neu nachdenken, denn neue Erkenntnisse über die biologischen Eigenschaften der Neuronen, die für Homöostase beziehungsweise Kognition verantwortlich sind, erzählen eine andere Geschichte. Aus einem kürzlich erschienenen, hochauflösenden Atlas der Zelltypen im gesamten Gehirn können wir eines ganz klar ablesen: *Wenn wir die Neuronenpopulationen, die für die Kognition verantwortlich sind, mit den Populationen für die Lebensregulation vergleichen, finden wir auf der Seite von Lebensregulation/Interozeption eine größere Vielfalt von Neuronentypen und eine komplexere Organisa-*

tion! Die Unterschiede zeigen sich schon bei der bescheidenen Maus, einer Spezies, die nicht gerade für ihre Kreativität bekannt ist, und wir sollten damit rechnen, dass ein entsprechender Atlas für den Menschen eine noch dramatischere Vielfalt zeigen würde. Zizhen Yao und seine Mitarbeitenden konnten für das gesamte Mäusegehirn einen Atlas von Transkriptom und räumlicher Verteilung der Neuronentypen zusammenstellen, und darin zeigte sich ein erstaunliches Profil der Verteilung verschiedener Zelltypen in Gehirnarealen mit unterschiedlichen Funktionen. *In den Regionen, die hauptsächlich für die homöostatische Regulation verantwortlich sind* – Hirnstamm und Hypothalamus –, findet man eine große Zahl von Zellhaufen, die auf eine hohe Komplexität von Zelltypen hindeuten. In bemerkenswertem Kontrast dazu *zeigt sich im Endhirn oder Telencephalon mit Großhirnrinde, Hippocampus, Stratum und Pallidum eine geringere Zahl von Zellhaufen, ein Anzeichen für eine weniger komplexe Struktur.*[14]

Die Autoren interpretieren die auffällige Zweiteilung als Zeichen, dass die Gehirnteile, die für Lebensregulation und Überleben sorgen, eigentlich weitaus differenzierter sind als die für die Kognition erforderlichen Teile. Insbesondere entspricht die Zahl der hochdifferenzierten Neuronentypen einer großen Zahl an spezialisierten Neuronenkernen, die für die vielgestaltige neuronale Kontrolle des Lebensprozesses verantwortlich sind. Möglicherweise ist dies ein Hinweis darauf, welch hoher physiologischer Entwicklungsstand notwendig ist, um die komplexe Architektur des Lebens aufrechtzuerhalten. Damit möchte ich keineswegs die Kraft und Bedeutung von hohem Intellekt und Kreativität abwerten. Vielmehr möchte ich die Aufmerksamkeit nur auf die *Eigenständigkeit*, die außerordentlich hohe Entwicklungsstufe und den Wert einer erfolgreichen Lebensregulation lenken, ebenso auf den neuronalen Apparat, der sie so kraftvoll und doch mit solcher Zurückhaltung unterstützt. Die heutige homöostatische Regulation ist alles andere als ein alter Hut. Interozeption ist kein Schnee von gestern.

Gegenstand der Interozeption sind die Qualität und Intensität homöostatischer Gefühle, jener Bereich der Physiologie, den man früher mit dem einfachen Wort »Valenz« bezeichnete. Aber eine genauere Einstufung der »Valenzen« in den vielfältigen Funktionsbereichen eines Lebewesens ist unverzichtbar für die Lenkung des Lebens in dem jeweiligen Organismus. Sie können die Qualität der Lebensvorgänge in den verschiedenen Bereichen des Organismus beurteilen und dem bewussten Geist begründete Ratschläge geben, was als Nächstes zu tun ist.

Der interozeptiv-affektive Prozess unterscheidet sich in seinem Wesen bemerkenswert stark von den wahrnehmenden, reflexiven, sprachlichen und kreativen Prozessen, die im Wesentlichen auf der Wiedergabe und Vermessung äußerer Gegenstände und Vorgänge aufbauen.

Kapitel 9

Die Logik des Bewusstseins beeinflusst die Regulation des Lebens

I

Es wäre mir lieb, wenn die Logik des Bewusstseins von vornherein transparent wäre, aber das ist leider nicht der Fall. Wie bereits erwähnt, ist dies einer der Gründe, warum das Bewusstsein als ein derart tiefes Geheimnis galt und warum so viele Theorien, mit denen man es befriedigend erklären wollte, gescheitert sind. Aber das Geheimnis hinter dem Bewusstsein verschwindet allmählich, wenn wir uns klarmachen, wie die Gegenwart eines Bewusstseins die damit ausgestatteten Organismen weniger verletzlich macht und ihre Überlebenschancen steigert; allmählich finden wir heraus, welche Strategie das Bewusstsein verfolgt, und vielleicht bewundern wir sogar die Effizienz seiner Mittel und Wege; an irgendeinem Punkt werden seine Ziele tatsächlich transparent.

Das Bewusstsein erfüllt seine Aufgabe, indem es in unserem Geist *von Augenblick zu Augenblick die Qualitäten des Lebensprozesses offenlegt*, und dazu dient ihm eine bestimmte Form von Gefühlen. Die Tätigkeiten des *Fühlenden Geistes* und ihre homöostatischen Gefühle versorgen jeden von uns mit einer *ständigen Erfahrung* des Lebens, wie es in unserem Organismus abläuft und nach den Erfordernissen der Homöostase reguliert wird. Statt die üblichen Messungen zu nutzen, die später von hoch entwickelten Menschen erfunden wurden, begibt sich das Bewusstsein zurück in die Grundschule und vergibt an den ablaufenden Lebensprozess ständig *Noten*. Dies tut es in der natürlichen Sprache der Gefühle, und wir können auch sagen: Es ordnet dieser Note ein Symbol zu. Man kann es sich so vorstellen: Wenn wir Wohlbefinden oder Freude empfinden, erhält das Leben die Note 1 oder 1+. Fühlen wir uns müde oder nicht ganz wohl, hat das Leben die Note 2 oder 3, und wenn wir krank sind oder Schmerzen haben, fällt das Leben durch. Natürlich wird der Note nicht spontan ein *Symbol* zugeordnet. Es gibt dafür auch kein *Wort*, sondern eine bestimmte *Qualität* oder eine Mischung aus Qualitäten, die durch Gefühle ausgedrückt werden, und ja, wenn wir es erleben, können wir dieses Gefühl mit einem »Namen« belegen, ganz gleich, in welcher Sprache wir uns ausdrücken: Wohlbefinden, Hunger, Übelkeit, Schmerzen. Wir können dem Namen auf Wunsch auch eine *Quantität* beilegen, das heißt eine »Zahl«. Es ist nun einmal so: Die Natur bedient sich von Anfang an der natürlichen Sprache des *Affekts*, und die Sprache des Affekts bezieht sich auf *Qualitäten* und *Quantitäten* in den Abläufen des Lebens im Körper.

Was dabei wichtig ist: In der Evolution waren Gefühle offenkundig früher vorhanden als Wörter und Zahlen. Außerdem lassen sich Gefühle gut in die Klänge von Musikinstrumenten einschließlich der menschlichen Singstimme und in die Kombination solcher Klänge in musikalischen Phrasen übersetzen. Tatsächlich passen die nahezu unbegrenzten Variationen der Gefühle und ihre zeitliche Abfolge gut zur reichen Vielfalt der Klänge, die durch Musikinstrumente und ihre Kombinationen erzeugt werden.

Die Vorstellung, das Bewusstsein habe sich in der Evolution

erst spät entwickelt, nachdem das Gehirn so kompliziert war, dass es Daten quantitativ verarbeiten, exakte Messungen vornehmen und feine intellektuelle Urteile fällen konnte, kann wahrscheinlich nicht stimmen. Das Bewusstsein entwickelte sich in der langen Geschichte der Lebensregie schon viel früher und hat die Evolution seither immer unterstützt. Die Ergebnisse waren prächtig.

II

Eines ist an dieser Stelle wichtig: Die homöostatische Regulation kann zwar zum Teil nichtbewusst erfolgen, in beträchtlichem Maße steht sie aber auch unter willentlicher Kontrolle. Dieser Bestandteil optimiert die Regulation des Lebens, und häufig ist eine Fortsetzung des Lebens ohne den Beitrag der Steuerungsmechanismen, die von *bewusstem Wissen* abhängen, nicht möglich. Kurz gesagt, ist Bewusstsein kein entbehrlicher Luxus, sondern ein Lebenserhaltungsmechanismus. Denkt man über die vielfältigen Folgen spontaner, bewusster homöostatischer Gefühle nach, so wird deutlich, dass Bewusstsein letztlich das Ziel hat, das Leben in dem Organismus, in dem homöostatische Gefühle erzeugt werden, aufrechtzuerhalten. Ein solches Ziel ist nur dann zu erreichen, wenn die Effizienz des Lebensprozesses ständig beurteilt wird. Diese Beurteilung erfolgt in Form einer *Qualität*, insbesondere der *Qualität*, die sich von Augenblick zu Augenblick in dem jeweiligen Organismus durch homöostatische Gefühle ausdrückt. Die unaufhörliche Verarbeitung homöostatischer Gefühle informiert den *Geistes*prozess spontan und ständig über den Zustand der Lebensabläufe.

Wenn solche Informationen verfügbar sind, ergeben sich daraus zwei wichtige Folgen. Erstens versetzen sie den *Geist* des Organismus in die Lage, angemessen zu reagieren und den Lebensprozess nach Bedarf anzupassen, sodass seine Regulation in einem Bereich liegt, die mit dem Leben vereinbar ist. Befindet sich der Lebensprozess bereits in einem solchen Bereich, erlaubt es das Bewusstsein dem Organismus, Vorteil aus der Situation zu ziehen und sie als Luxus zu genießen.

Wenn die nichtbewusste Lebensregulation die Parameter des Lebens nicht mehr automatisch einstellen kann, greift die bewusste Lebensregulation ein. Der bewusste *Geist* vermittelt die Notwendigkeit, solche unentbehrlichen Korrekturen auszuführen. Die wichtigsten Beispiele haben mit Essen, Trinken, Anstrengung und Umgebungstemperatur zu tun. Wenn wir »die Notwendigkeit spüren«, wissen wir in der Regel genau, was wir tun müssen, um die jeweiligen Parameter in einen ungefährlichen Bereich zu bringen. Die Korrekturen erfolgen als intelligente, willentlich gesteuerte Reaktionen: Wenn ich beispielsweise merke, dass ich Durst habe, gehe ich gezielt zum Kühlschrank und gieße mir ein Glas Wasser ein. Manche Regulationsreaktionen beginnen aber auch schon, *bevor* Gefühle und ihre bewusste Natur uns sagen können, was wir tun sollen. Unsere Körpertemperatur wird reguliert, *bevor* wir bewusst bemerken, dass wir uns abkühlen oder aufwärmen müssen. Vergleichbare, unbewusst ablaufende Korrekturen betreffen den Puls, den Blutdruck, die Filtergeschwindigkeit der Nieren und die Ausschüttung bestimmter Hormone, die für Stoffwechselanpassungen sorgen.

Liegen die Lebensparameter bereits in dem überlebensfähigen und vielleicht sogar idealen Bereich, begünstigt der *Geist* als Reaktion die Erkundung der Umwelt des Organismus. Das wiederum führt dazu, dass potenziell neue Mittel gefunden werden, die der Aufrechterhaltung des Lebens nützen können, beispielsweise neue Nahrungsquellen, neue, günstige Lebensräume oder Begegnungen mit anderen Lebewesen, die zu hilfreichen Partnern oder nützlichen Verbündeten werden können. Die Vorteile solcher Funde liegen auf der Hand und sind gute Beispiele für die praktischen Vorteile des Bewusstseins. Mit ihrer Hilfe verstehen wir, welchen tiefgreifenden Einschränkungen nicht bewusste Lebewesen unterliegen.

Die zweite Folge des Bewusstseins ist hintergründiger, aber nicht weniger bedeutsam: *Es versetzt jeden bewussten Geist in die Lage, seinen Platz im Universum zu finden.* Dieser Platz ist der einzelne lebende Organismus/Körper, in dem die jeweiligen homöostatischen Gefühle erzeugt werden und wo als Folge das Bewusstsein entsteht. In welchen Beziehungen wir zu anderen und unserer Umgebung stehen, hängt im Wesentlichen von dieser scheinbar einfachen, in Wirklichkeit aber folgenschweren Entdeckung ab: *der Entdeckung des eigenen Ich in der Welt.*

Kurz gesagt, legen homöostatische Gefühle im Rahmen des allgemeinen Geistesprozesses zweierlei offen: (I) den *derzeitigen* Zustand des Organismus, das heißt, ob seine Aussichten auf ein Weiterleben gut sind oder abnehmen, was sich in den vorherrschenden Valenzen der augenblicklichen Gefühle zeigt, und (II) die Existenz des eigenen, einzigartigen, zum Geist gehörenden Organismus/Körpers *einschließlich seines Ortes im Universum.*

Alle diese wichtigen Erkenntnisse sind davon abhängig, dass ein Nervensystem vorhanden ist, das sowohl *die Welt um seinen Organismus* als auch ganz grundsätzlich die Welt *innerhalb des Organismus* repräsentieren kann. Letztere ist *die Welt, deren Unterstützung und Schutz die Aufgabe des Nervensystems ist.* Auf alle diese bemerkenswert unterschiedlichen, aber zusammenhängenden Zustände und Folgen kann man mit Fug und Recht das Wort *Bewusstsein* anwenden.

III

Wenn ich die Wirkungsweise von Gefühlen erörtere, sage ich »der Geist befiehlt dem Organismus«, eine bestimmte Reaktion auszuführen; aber was bedeutet das eigentlich genau? Gibt der Geist einen Befehl? Und wenn ja: wie und wem? Wenn beispielsweise ein spontanes bewusstes Hungergefühl »Alarm schlägt«, folgt die durch Erinnerungen und Vernunft ermöglichte Feststellung, dass es für das Problem eine einfache Lösung gibt, die den Alarm abstellt. Es ist eine kognitive Lösung: Der oder die Betroffene weiß, dass Nahrung existiert, und seit den Anfängen seiner Entwicklung ist ihm oder ihr bekannt, dass Essen das unangenehme Gefühl beseitigen kann. Mit anderen Worten: Gefühle identifizieren ein Problem, weil sie dieses Problem spontan, bewusst und offen repräsentieren. Anschließend wird die Lösung erkannt, ein Prozess, der von zuvor gespeicherten Kenntnissen abhängt, und diese wiederum wurden durch eine frühere Kombination aus Wahrnehmung, Ableiten oder Lernen und die Speicherung neuer Tatsachen gewonnen. Die ergänzende Welt der Kognition erkennt die Lösung für das »gefühlte« Problem. Interessanterweise hängt die Ausführung dieser kognitiven Prozesse vom allgemeinen bewussten Zustand des Individuums ab – und der ist eine unmittelbare Folge der Daseinsgefühle, die der Organismus ständig erzeugt. In unserem Beispiel hebt das Hungergefühl den bewussten Zustand hervor und löst eine angemessene Reaktion aus.

Mit anderen Worten: Der kognitive Prozess, der die vollständige homöostatische Reaktion möglich macht, ist abhängig von der Kontinuität des Bewusstseins, und die ist ihrerseits von den Gefühlen abhängig. Ein Ring rund um die physiologische Rose des Bewusstseins.

Kapitel 10

Wie ist Bewusstsein überhaupt möglich?

Diese Frage kann man auf zweierlei Weise beantworten. Die erste Antwort geht von der *Phänomenologie* aus und liefert eine ehrliche Beschreibung der psychologischen Phänomene, die an dem Prozess beteiligt sind. Die zweite basiert auf der *Physiologie* und beinhaltet eine Beschreibung der neuronalen und sonstigen Funktionen, die für die Erzeugung des Bewusstseins verantwortlich sind.

Aus Sicht der *Phänomenologie* wird Bewusstsein durch Gefühle möglich, und zwar insbesondere durch homöostatische Gefühle, die dem Geist – und buchstäblich *im* Geist – den Zustand des Lebensprozesses übermitteln, wie er sich ständig in unserem Organismus entfaltet. Gefühle beurteilen, inwieweit das Leben erfolgreich ist, und legen ihre Einschätzung spontan offen. Wichtig ist dabei, dass diese Mitteilung, wie bereits erwähnt wurde, in der Sprache der *Affekte* erfolgt. Sie basiert auf einem besonderen Prozess, der *durch neuronale Strukturen möglich gemacht wird*, aber im Zusammenwirken mit *nicht-neuronalen Körperteilen* entsteht, die wir später in unserer physiologischen Antwort genauer erörtern werden.

Die Aussage darüber, wie das *Leben derzeit* abläuft, basiert *nicht* auf einer Beobachtung und Beurteilung des Prozesses von außen. Ganz im Gegenteil: Die Mitteilung ist das Ergebnis, wenn die Ausdrucksformen des Zustandes eines lebenden

Organismus/Körpers in Teilen wie auch im Ganzen unmittelbar *gefühlt* werden. Der Zustand der lebendigen Körperteile wird mit Begriffen für aktuelle *Qualitäten* »beschrieben«, zum Beispiel als *angenehm, unangenehm* oder *schmerzhaft*. Außerdem können diese Qualitäten auch *quantitativ* beschrieben werden, beispielsweise als *intensiv* oder *schwach*.

Möglich gemacht wird die Darstellung der Qualität und Intensität von Gefühlen, weil die »Objekte« des ganzen Vorgangs ein organischer Teil des gefühlten lebenden Organismus sind, und auch dadurch, dass *das Nervensystem vollständigen Zugang zu diesen lebenden, organischen Prozessen hat; den stichhaltigen Grund dafür haben wir zuvor bereits kennengelernt und festgestellt: Das Nervensystem liegt vollständig innerhalb des Organismus, der es besitzt*. Außerdem *verfügt das Nervensystem über offene Kommunikationskanäle mit seinem Organismus, und zwar sowohl über die Nervenstrukturen als auch über Moleküle, die im Blut kreisen*. Das Blut kann Signale vom Körper zum Nervensystem und umgekehrt übermitteln. Deshalb ist das Nervensystem in der Lage, unter den Gesichtspunkten von Qualitäten und Intensitäten vieldimensionale Beschreibungen der Strukturbestandteile und Abläufe im gesamten Organismus zu erzeugen.

Die *physiologische* Antwort auf die Frage, wie das Bewusstsein eigentlich möglich ist, liefert eine andere Beschreibung der beiden an dem Prozess beteiligten Parteien: Auf der einen Seite stehen Aufbau und Wirkungsweise der inneren Organe, beispielsweise der Blutgefäße mit ihren unterschiedlichen Formen und Wanddicken, aber auch der Lunge, der Verdauungsorgane oder der Muskulatur des Bewegungsapparats; die andere Seite besteht aus Struktur und Wirkungsweise des Nervensystems, dessen Wechselwirkungen mit den Strukturen im

Körper letztlich die Gefühle liefern. An dieser Stelle müssen wir festhalten, dass Neuronen, deren Axone größtenteils *nicht myelinisiert sind, existieren* und oft sogar *vorherrschen. Dieses scheinbar banale Merkmal ist von großer Bedeutung. Es ermöglicht die Verbindung und Vermischung neuronaler und nichtneuronaler Gewebe während ihres Zusammenwirkens und prägt ihre Interaktionen. Un*myelinisierte Neuronen arbeiten flexibel und gehen auf der ganzen Länge ihrer nichtisolierten Axone enge Verbindungen mit der Umgebung ein; Neuronen mit einer Myelinhülle dagegen sind wegen des Myelins, das ihre Axone isoliert, an den Synapsenverbindungen entweder »ein-« oder »ausgeschaltet«. Die anatomisch-physiologische Eigenschaft der unmyelinisierten Neuronen liefert dem Geistesprozess wirklich »aus dem Bauch« *qualitative* Mitteilungen über den laufenden biologischen Prozess, während die vollständig myelinisierten Neuronen in der Regel eine *intellektuell distanzierte, vom Körper unabhängige Faktendarstellung* bereitstellen. Solche Darstellungen sind im Spiel, wenn die vollständig myelinisierten Neuronen dafür verantwortlich sind, zum Nutzen unseres Geistes präzise zu beschreiben, was in der Außenwelt tatsächlich abläuft.

Hinter den Gefühlen als Helfer des Bewusstseins steht eine physiologisch uralte Kraft. Gefühle basieren auf den evolutionär älteren, unmyelinisierten Neuronen, die auf »analoge« Weise wirken. Die Kraft hinter den *nichtfühlenden* Tätigkeiten des Geistes ist eindeutig »digital«: Sie basiert auf Neuronen, die nach dem Prinzip »alles oder nichts« ihre Impulse abgeben. In den nun folgenden Kapiteln werden wir weitere Folgen dieser evolutionär neuartigen physiologischen Einrichtung betrachten.

II

Lösungen: eine genauere Betrachtung

Kapitel 11

Möge das Bewusstsein beginnen

I

Eines schönen Tages entstand das Bewusstsein. Ob das auf einen Schlag oder schrittweise geschah, wissen wir nicht, und es spielt auch keine Rolle, solange die betreffenden Lebewesen wach waren. Nach meiner Überzeugung sind zwei grundlegende Abläufe für das Bewusstsein verantwortlich, und die müssen nebeneinander entstanden sein: homöostatische Gefühle und die mentalen Darstellungen, welche die Welt um uns herum zusammen mit den Gedanken, die wir uns über diese Welt machen, repräsentieren. Die Gefühle, die man auch *interozeptiv* und *homöostatisch* nennen kann, bestehen aus reichhaltigen Abbildungen vielfältiger innerer Abläufe und Zustände des Organismus. In Kapitel 13 werde ich der Frage nachgehen, wie diese homöostatischen Gefühle erzeugt werden, und ihre physiologischen Details beschreiben; vorerst jedoch müssen wir uns nur eine wichtige Tatsache klarmachen: Homöostatische/interozeptive Gefühle bilden die funktionellen Folgen einer großen Vielfalt innerer Vorgänge in unserem Organismus ab. Sie geben – manchmal genau und manchmal skizzenhaft – ein breites Spektrum von Tätigkeiten der inneren Organe wieder, aber die auffälligsten, einflussreichsten Aspekte dieser Darstellungen betreffen die *Qualität* und *Intensität* der abgebildeten organischen Vorgänge und die Tatsache, dass zu ihnen ein Bestandteil der inneren Bewegungen gehört. Homöostatische Gefühle schaffen für uns die Möglichkeit, solche Qualitäten, Intensitäten und Bewegungen *unmittelbar* und ohne irgendwelche Zwischenschritte in unserem Geist zu *erleben*. Homöostatische Gefühle sind sowohl »mental« als auch »viszeromotorisch« – eine seltsame Doppelnatur.[1]

Man sollte sich daran erinnern, dass die Vermischung von Qualität und Intensität auch durch traditionelle Begriffe wie »Valenz« und »Erregung« beschrieben wird. Diese älteren Begriffe gebrauchen wir hier lieber nicht, denn sie verdeutlichen die entscheidenden Prozesse, die hier beschrieben werden sollen, weniger gut. Ein herausragendes Beispiel für einen solchen entscheidenden Prozess ist die Körpertemperatur. Ihre Schwankungen können wir objektiv mit einem Thermometer messen, aber noch bevor man die Körpertemperatur messen kann, wird sie *gefühlt* – als angenehm oder unangenehm, leicht oder heftig. Das Gleiche gilt für den Puls: Er kann objektiv schnell oder langsam, regelmäßig oder unregelmäßig sein, aber auf ganz natürliche Weise erleben wir ihn im Zusammenhang mit Wohlbefinden, Erregung oder Angst als mehr oder weniger heftig. Die Fehlfunktion eines Organs oder eine lokalisierte, große oder kleine Wunde kann jederzeit Schmerzen verursachen, die als leicht oder intensiv eingestuft werden, aber niemals angenehm sind. Die Tätigkeit der inneren Organe kann jederzeit ein Gefühl von Behaglichkeit und Harmonie oder aber ein Gefühl der Übelkeit erzeugen, und das führt dazu, dass wir vollkommen unterschiedliche Qualitäten erleben.

Das physische Fundament eines psychologischen *Subjekts*, das im Kern aus nichts anderem besteht als dem gesamten Innenleben seines zugehörigen Organismus, wird ständig im

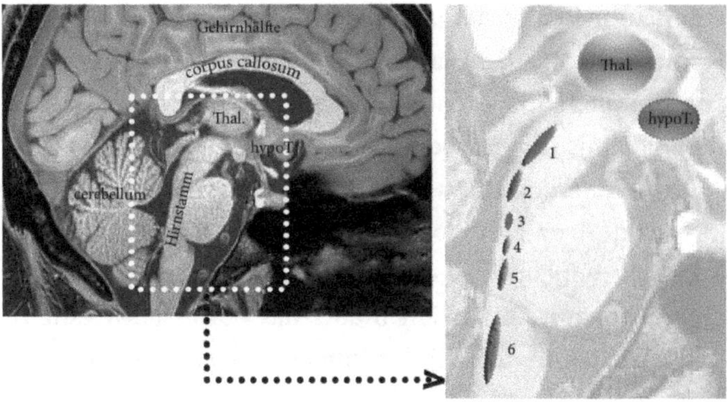

Signale, die ihren Ursprung in allen Innenräumen des Körpers haben, werden über Neuronen aus Rückenmark und Vagusnerv an den nachgeschalteten Hirnstamm übermittelt.

Zentralnervensystem, das heißt im »Gehirn« abgebildet. Dieses physische Fundament besteht aus einer Fülle von Signalen, die ständig aus den vielfältigen inneren Territorien unseres Körpers hervorgehen. Übermittelt werden solche Signale von *peripheren Nerven*, die sich als stets präsente, aufmerksame Boten in alle Ecken und Winkel unseres Körpers erstrecken, sowie über einen Außenseiter-Nervenstrang, den wir als *Vagusnerv* bezeichnen. Die von allen diesen Leitungsbahnen gesammelten Signale werden zuerst an verschiedene Bereiche des Nervensystems übermittelt, die mit der Interozeption zu tun haben, und dort in Form von Landkarten aufgezeichnet. Zu diesen Bereichen gehören (a) die *peripheren Nervenganglien*, die sich in einer senkrechten Reihe entlang des Rückenmarks und Hirnstamms anordnen, (b) die größeren neuronalen *Kerne* von *Hirnstamm*, *Hypothalamus* und *Thalamus* und (c) Areale der Großhirnrinde wie die *somatosensorischen Rindenareale* und die *Inselrinde*. Und zusätzlich zu allen diesen körperlichen, von neuronalen Strukturen übermittelten Signalen leitet der Körper auch über das Blut noch Signale an das Zentralnervensystem weiter! So viel zur Unabhängigkeit des Nervensystems im Verhältnis zum Körper!

Leider werden die wichtigen anatomischen und physiologischen Strukturen sowie die gerade umrissenen physiologischen Vorgänge bei der Erörterung von Gefühlen häufig übersehen, von Diskussionen über das Bewusstsein ganz zu schweigen. Und was noch schlimmer ist: Wenn sie überhaupt berücksichtigt werden, beschreibt man sie, ohne die Tatsache zu erwähnen, dass solche interozeptiven Signale *nicht nur in einer Richtung verlaufen*. Mit diesem wichtigen Versäumnis beschäftigen wir uns im nächsten Abschnitt.

II

Die typischen Beschreibungen der Interozeption übersehen, dass das Gehirn auf die Signale des Körperinneren, die es erhält, *reagiert, indem es Korrekturen und Anpassungen der derzeitigen Körpereinstellungen befiehlt und auszuführen versucht*, die für die Fortsetzung eines nachhaltigen Lebensprozesses gebraucht werden. Nachdem die Korrekturen ordnungsgemäß ausgeführt wurden, verändern sich die Signale, der Körper bittet gewissermaßen das Gehirn, damit aufzuhören, und das Gehirn gehorcht. Deshalb sind homöostatische Gefühle in Wirklichkeit eher eine wechselseitige Unterhaltung zwischen Körper und Gehirn als Einwegtelegramme vom Körper zum Gehirn. Ebenso wichtig ist, dass das *Zwiegespräch zwischen Körper und Gehirn*, das zur Definition des Interozeptionsprozesses gehört, *nicht* im exterozeptiven Apparat des Gehirns stattfindet, der nicht die Welt in uns, sondern die Welt um uns herum wahrnimmt und in Kapitel 7 zum ersten Mal beschrieben wurde. Wie bereits zuvor dargelegt wurde, unterscheiden sich die anatomischen und physiologischen Vorgaben, auf denen der Prozess des *fühlenden Geistes* basiert, deutlich von jenen, die hinter den Prozessen des *wahrnehmenden* und *reflexiven/linguistischen Geistes* stehen.

Aus diesen asymmetrischen, nicht ausreichend gewürdigten Verhältnissen können wir wahrhaft bemerkenswerte Schlussfolgerungen ziehen. Wir können sie so betrachten: Da die von den interozeptiven Gefühlen gelieferten Informationen für eine erfolgreiche Weiterführung des Lebens unentbehrlich sind, hat unsere intelligente Natur am Ende dafür gesorgt, dass das Zwiegespräch zwischen Körper und Gehirn *dem Subjekt* tatsächlich *bekannt ist*, man könnte auch sagen: *dass es bewusst wird.* Dies ist eine höchst natürliche, einfache Funktionseinteilung, die wir für das tiefste Fundament und die Rechtfertigung des Bewusstseinsprozesses halten. Es unterstreicht die offenkundige und doch systematisch übergangene Tatsache, dass *interozeptive (oder homöostatische) Gefühle spontan bewusst werden.* Die Fortsetzung des Lebens hängt davon ab, dass die von solchen homöostatischen Gefühlen gelieferte Information *regelmäßig und zuverlässig im Geist des Organismus, der sie hat, repräsentiert wird und eine Reaktion dieses Geistesprozesses auslöst.* Die spontan bewusste, mit dem Leben verbundene Information macht die kreativen, intelligenten Antworten auf die Probleme möglich, die der Ablauf des Lebens häufig aufwirft. Die *gefühlte Information*, das heißt das Bewusstsein, das den Lebensprozess betrifft, verringert die Wahrscheinlichkeit, dass entscheidende lebensrettende Warnungen übersehen werden, was häufiger geschehen wäre, wenn die Signale nicht bewusst gewürdigt und insbesondere dann, wenn sie einen beunruhigenden Inhalt haben, als lebenswichtige Warnungen betrachtet werden.

Arbeitsteilung

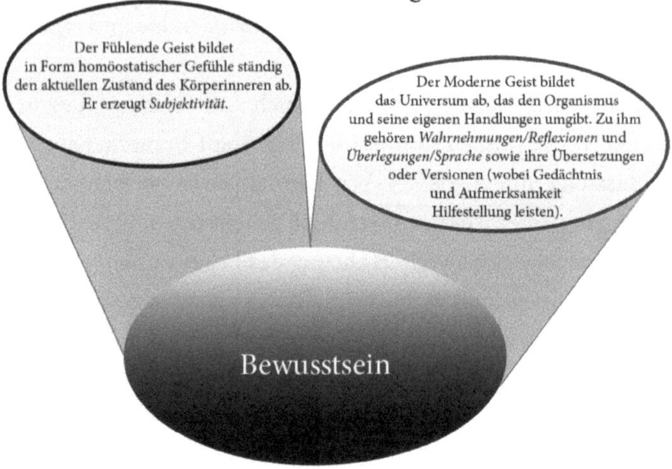

Der *Fühlende Geist* erzeugt ständig *Subjektivität* parallel zu den *Wahrnehmungen/Replexionen/Schöpfungen* und *Sprachlichen Übersetzungen*, die vom *Integrierten Geist* erzeugt werden. Aus diesen beiden ständig ablaufenden Prozessen, die *gleichzeitig* aus räumlich getrennten Bestandteilen des Nervensystems hervorgehen, erwächst das Bewusstsein.

III

Die Entstehung der homöostatischen Gefühle ist eine außerordentliche neurobiologische Leistung, aber wie bereits erwähnt, gibt es über die bewussten Zustände, die wir über die Erzeugung homöostatische Gefühle hinaus erleben, noch mehr zu sagen. Die kostbaren homöostatischen Gefühle müssen in den Gewölben unseres Geistes widerhallen, damit sie ihren lebenslenkenden Zweck erfüllen können. Die Natürliche Intelligenz stellt für die Interozeption einen handfesten Partner zur Verfügung: die Prozesse des *Wahrnehmenden* und *Reflexiven/Linguistischen Geistes* mit ihrer ständigen Produktion von *Bildern der Dinge, die sich nicht im Organismus, sondern um ihn herum befinden, und mit den nachfolgenden Reflexionen und Übersetzungen in Sprache*. Die Bilder, auf denen diese Prozesse basieren, bestehen im Wesentlichen aus (a) einfachen, direkten sensorischen Mustern, die von den für Sehen, Hören, Geschmack, Geruch und Berührungen zuständigen peripheren Sinnesorganen kartiert werden, und (b) dem Denken und Reflektieren und den kreativen Prozessen, die auf der Grundlage solcher Muster ausgeführt werden. Die sensorischen Muster werden von den jeweiligen peripheren Organen wie Augen oder Innenohren an die Rindenareale übermittelt, welche die jeweilige Sinnesmodalität ermöglichen. Dort werden sie als Karten dargestellt, und diese bilden die anatomische und funktionelle Grundlage für *alle* Bilder, die das Bewusstsein uns als unsere eigenen erleben lässt. Eines sollte man aber festhalten: Wenn wir vom *Wahrnehmenden Geist* zum *Reflexiven/Linguistischen Geist* wechseln, läuft auch ein ergänzender Prozess ab: Neben den Bildern, die unsere derzeitige Umgebung darstellen, zeigt unser Geist auch Bilder mit anderer Herkunft; manche davon geben beispielsweise die Tatsachen und Ideen wieder, die unsere kreativen Gedanken ausmachen. Einige dieser Bilder sind unter Umständen aktuell oder wurde sogar neu gezeichnet, andere wurden aber schon vor langer Zeit erzeugt und an das Gedächtnis übertragen, aus dem sie jetzt abgerufen werden und in den beherrschenden Denkprozess einfließen. Möglich wird der *Reflexive* Prozess, weil das Gehirn plötzlich mit seiner Tätigkeit in den »Standardmodus«

wechselt, den wir in den Kapiteln 4 und 5 beschrieben haben. Wegen der Fülle der verbalen Übersetzungen der Bildmuster ist der Prozess, den wir hier beschreiben, letztendlich eine echte Mischung: Er besteht zum Teil aus einfachen Bildern und ist zu einem beträchtlichen Teil sprachlicher Natur. Ironischerweise besteht natürlich der Sprachbestandteil auch selbst teilweise aus Bildern. Die Wörter, die unsere geistigen Prozesse bereichern, haben nämlich eine *bildliche* Grundlage, die ihren Ausdruck in Form akustischer, visueller oder somatosensorischer Muster finden kann. Ob wir uns einfacher Bilder oder einer sprachlichen Übersetzung dieser Bilderwelt bedienen, immer greift unser Geist auf bildliche Muster zurück und konstruiert daraus die Bilder, die wir weiterverarbeiten.

IV

Ein bedeutender Partner der Interozeption ist die Propriozeption. Dieser Begriff ist weder besonders ermunternd noch transparent, aber das macht die Leistung der Propriozeption nicht weniger bedeutsam. Sie blickt im Körper buchstäblich in den Teil des Apparats, den die Interozeption im Wesentlichen übersieht, nämlich die gestreifte Muskulatur sowie die Gelenke und Knochen von Extremitäten, Rumpf, Bauch und Gesicht.[2] Auf diesem Apparat basieren die meisten äußeren Tätigkeiten unseres Körpers, vom Gehen, Laufen und Essen bis zum Schreiben, Sprechen und Singen. Signale, die solchen Aktivitäten entsprechen, werden auch peinlich genau und sorgfältig an das Gehirn übermittelt und dort als Karten dargestellt, ein Prozess, vergleichbar mit der Darstellung der Welt um den Organismus herum und der interozeptiven Welt in unseren Eingeweiden. In der Wirkungsweise dieser Wahrnehmungskanäle gibt es aber geringfügige Unterschiede.

Wie die interozeptiven Signale, so stammen auch jene der Propriozeption aus dem Körper*inneren* und treten in ein Zwiegespräch mit dem Gehirn ein, das darauf abzielt, eine Korrektur von Funktionsparametern einzuleiten, sofern sie erforderlich ist. Auf diese Weise kommt es zu den fortlaufenden Anpassungen, mit denen wir beispielsweise unsere Gehgeschwindigkeit an den Fußgängerverkehr um uns herum anpassen oder in die Lage versetzt werden, über den Bahnsteig zu dem abfahrbereiten Zug zu laufen, ein Musikinstrument zu üben oder Sport zu treiben. Außerdem hat die Propriozeption eine sehr subtile, versteckte Eigenschaft: Sie enthält »ihren eigenen interozeptiven Sektor«! Läuft die Anpassung unserer Muskulatur nicht harmonisch ab, bekommen wir unter Umständen Krämpfe, oder – noch schlimmer – wir schädigen Muskelfasern oder zerreißen uns sogar Bänder. Die Folge aller solcher Missgeschicke sind mehr oder weniger starke Schmerzen, und die werden von den interozeptiven Überträgern, die sich mitten in unserem Bewegungsapparat verbergen, weitervermittelt.

Unter praktischen Gesichtspunkten ist die Exterozeption mit Unterstützung der Propriozeption ein Teil des Fundaments für den aktuellen Prozess des *Geistes*, wie er herkömmlicherweise betrachtet wird. In den meisten Fällen ist dieser *Geistes*prozess ein komplexes, multimodales, »filmisches« Panorama. Aufgebaut wird er (1) durch die »Materialien«, die uns *jetzt* umgeben, aber gemischt sind mit Bruchstücken dessen, was uns in der Vergangenheit umgeben hat, ans Gedächtnis übermittelt wurde und je nach Bedarf oder Bequemlichkeit abgerufen wird. Er besteht aber auch (2) aus einer parallelen, stets präsenten, ergänzenden Begleitung aus homöostatischen Gefühlen, die aus zwei parallelen Quellen stammen: (I) aus dem physiologischen Lebensprozess selbst, und (II) aus den Bildern, die in (1) wahrgenommen werden und bewusst werden müssen. Diese Gefühlsbegleitung können wir uns wie einen Chor vorstellen, der die im Rahmen der Hauptthemen dargestellten Tätigkeiten kommentiert.

***

Zum Abschluss unserer Feststellungen müssen wir uns an einen wichtigen, charakteristischen Aspekt der Exterozeption erinnern: *Im Fall der Exterozeption gibt es nichts, was mit der direkten gegenseitigen Nachrichtenübertragung vergleichbar wäre, die bei der Interozeption stattfindet, wenn interozeptive, aus dem Körperinneren stammende Nachrichten* (im Rahmen des zuvor beschriebenen Zwiegesprächs) *eine unmittelbare und zumindest zum Teil der Korrektur dienende Reaktion auslösen.* Wenn es sich um Exterozeption handelt, ist das Gehirn ein echter *Empfänger* von Nachrichten und nutzt sie, um die Rundumtheater-Produktion aufzubauen, die wir ganz selbstverständlich als unseren *normalen* Geist betrachten. Aber wie bereits erwähnt, *reagiert das Gehirn nicht unmittelbar* auf das, was die Welt ihm mitteilt. Dies ist eine Folge der bemerkenswert unterschiedlichen anatomischen und physiologischen Eigenschaften (a) der Sektoren des Nervensystems, die dem Körperinneren gewidmet sind – der Bereiche für Interozeption und zum Teil für Propriozeption –, und (b) im Fall der Exterozeption der Abschnitte des Nervensystems, die dazu dienen, den Überblick über das Universum rund um den Organismus zu gewinnen. Auf der Grundlage dieser ständigen Überwachung haben wir Begrifflichkeiten für das Universum um uns herum geschaffen und einige der damit verbundenen Begriffe an das Gedächtnis übermittelt.

Eine letzte Anmerkung zum Thema der Exterozeption: Die Lage der wichtigsten äußeren Bildsensoren in unserem Körper führt zwangsläufig dazu, dass die mentalen Abbildungen der Welt außerhalb des Organismus vorwiegend aus einer bestimmten Perspektive gewonnen werden, die man als Blickwinkel vom Kopf des Subjekts beschreiben kann. Eine Ausnahme macht dabei teilweise die Tastempfindung, die ihren Ursprung überall im Körper haben kann, auch wenn sie stark auf die Regionen von Händen und Gesicht ausgerichtet ist, insbesondere den Bereich rund um Augen, Mund und Nase. Dennoch gibt es für die Bilder, die wir uns von unserer äußeren Umgebung machen, eine Haupteintrittspforte – unseren Kopf –, und sie entsprechen demnach dem »Blickwinkel des Kopfes«, wie man ihn nennen könnte.

V

Ich erinnere mich noch gut daran, wie ich mich zum ersten Mal mit dem Gehirn beschäftigte. Damals erfuhr ich, dass der ganze Körper auf die Ränder des Sulcus centralis projiziert wird: Beine und Füße kopfstehend auf das obere Ende der Areale 4 und 3, Arme und Hände auf das untere Ende kurz vor dem Kopf, der aber – eine bizarre Wendung – nicht wie der übrige Körper verkehrt herum steht, sondern uns geradewegs ins Gesicht sieht. Der Begriff »Areale« bezeichnet verschiedenartige Regionen der Großhirnrinde, die sich in der mikroskopischen Untersuchung als anatomisch unterschiedlich darstellen und eine unterschiedliche Zellarchitektur aufweisen.

Ebenso weiß ich noch, wie ich dachte, die Darstellungen unserer inneren Organe – unserer Innereien von Herz und Lunge bis zum Darm – müssten vermutlich zwischen diesen Hauptprojektionen zu finden sein, logisch und bequem angeordnet im Zusammenhang mit den Regionen, die für Hals, Brustkorb und Bauch reserviert sind. Damals sagte mir niemand, dass dies ein vollkommen falscher Gedanke war, und am Ende musste ich ihn allein korrigieren. Die wichtigste Repräsentation der inneren Organe im Gehirn findet sich weit weg im Inneren des Zentralnervensystems, und zwar ein ganzes Stück *unterhalb* der Großhirnrinde. Sie liegt in der Region des Hirnstammes, beginnend beim *Nucleus tractus solitarii* oder NTS, wo sie im Wesentlichen in allen Einzelheiten Organ für Organ angeordnet ist, wobei viel Rücksicht auf die Position jedes Teils relativ zu allen anderen genommen wird, und erstaunlicherweise ist sie fein säuberlich in Relation zur senkrechten Achse orientiert. Und das alles trotz der geringen Menge an neuronaler Kapazität im Hirnstamm, insbesondere wenn man ihn mit den großen Arealen vergleicht, die in der Großhirnrinde an den Seiten der zentralen Sulci für die Muskel- und Knochenteile des Körpers reserviert sind. Gerechterweise muss man hinzufügen, dass die Windungen der Inselrinde einen gewissen Raum für die Angelegenheiten der Eingeweide lassen, aber es bleibt die Tatsache, dass die Prozesse der inneren Organe zum größten Teil unterhalb der Großhirnrinde angesiedelt sind.

Diese auffällige Diskrepanz lenkt die Aufmerksamkeit auf ein verbreitetes Missverständnis: *Die Repräsentation der inneren Organe im Zentralnervensystem beginnt nicht auf der Ebene der Großhirnrinde, sondern im Hirnstamm.* Dies hat zur Folge, dass die homöostatischen Gefühle im Zusammenhang mit den inneren Organen vorwiegend aus *subkortikaler Aktivität*

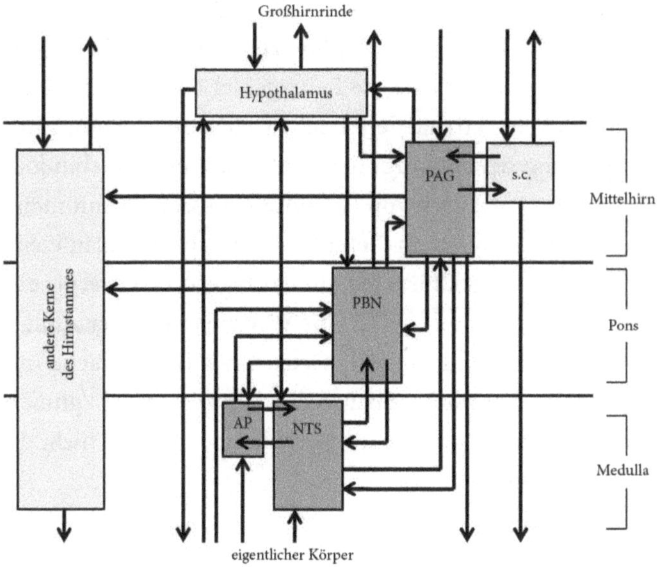

Die entscheidenden Kerne in der Region des Hirnstammes, ihre Interaktionen und ihr wichtigster In- und Output im Verhältnis zum eigentlichen Körper und zur Großhirnrinde. Größere Schädigungen dieser Region führen zu starken Bewusstseinsveränderungen.

hervorgehen und *nicht aus Aktivitäten in der somatosensorischen Rinde* – die sich vorwiegend mit der Unterstützung willkürlicher Bewegungen beschäftigt – oder aus den Inselrinden: Deren Interesse gilt zwar tatsächlich den Angelegenheiten der inneren Organe, ist aber eine Ergänzung zu dem, was im oberen Hirnstamm abläuft. Solche Tatsachen hindern die Rindenareale zwar nicht daran, sich ebenfalls an der Verarbeitung von Signalen aus den inneren Organen zu beteiligen, aber sie spielen dabei nicht die Hauptrolle.

Die traditionelle Vorstellung, wonach die Repräsentationen der inneren Organe in der Großhirnrinde angesiedelt sind, ist eine Mischung aus Übertreibung und Mythos. Wie gerade festgestellt, ist die Interozeption zunächst einmal eine subkortikale Angelegenheit. Die Beiträge der Großhirnrinde zur interozeptiven Aktivität betreffen vor allem die Nutzung zweiter Ordnung der interozeptiven Information in Verbindung mit bestimmten Typen von Gefühlsereignissen. Damit meine ich die homöostatischen Gefühle, die durch die Abläufe entstehen, die die Großhirnrinde hervorragend beherrscht, und mit ihnen verbunden sind: (I) die Wahrnehmung der Außenwelt, (II) Überlegungen, (III) Gedächtnis, (IV) Sprache und (V) Fantasie. Natürlich bedienen diese Prozesse sich in großem Umfang der homöostatischen Gefühle, aber sie sind nicht deren »Produzenten«.

VI

Nach diesen ungewöhnlichen Ausführungen kann ich eine gute Nachricht überbringen: Wie bereits erwähnt, ergibt sich das Bewusstsein ganz natürlich, wenn es dem Gehirn gelingt, (1) eine Fülle *von Gefühlen aus dem Körperinneren* – die Daseinsgefühle zusammen mit allen anderen an der homöostatische Regulation beteiligten Gefühlen – (2) dem allgemeinen mentalen Prozess an die Seite zu stellen, zu dem (I) *Bilder aus der Umwelt des Körpers* gehören, aber auch (II) *Bilder, die verschiedene Aspekte des Gedankenprozesses repräsentieren und eine logisch verknüpfte, aus dem Gedächtnis abgerufene Bilderwelt umfassen.*

Die Prozesse (1) und (2) laufen parallel ab, wichtig ist aber, dass der Prozess (1) Einfluss auf den Prozess (2) hat. *Wir sind in der Lage, die allgemeinen geistigen Ereignisse, die im Prozess*

(2) vorhanden sind, zu »erleben«, weil die Gefühle, die ihren Ursprung im Körper im Rahmen des Prozesses (1) haben, ständig vorhanden sind. Gemeinsam schaffen »Körpergefühle« und »Bilder aus dem allgemeinen geistigen Prozess« (a) *funktional integrierte Darstellungen des derzeitigen Zustandes des einzigartigen Organismus, in dem sie ablaufen*, und (b) halten diese funktional integrierten Darstellungen einen Bezug zu *dem jeweiligen Platz aufrecht, den der Organismus im umgebenden Raum einnimmt.* Nach meiner Vorstellung erzeugt die ständige *Kombination aus (a) fortlaufenden interozeptiven Gefühlen, (b) einer exterozeptiven Perspektive und (c) einem auf (a) und (b) basierenden Reflexionsprozess* etwas Neues, Einzigartiges: *fortlaufende subjektive Erlebnisse.* Wie wir jetzt schlussfolgern können, sind solche subjektiven Erlebnisse aus phänomenologischer Sicht die Grundbestandteile für den Aufbau des *Bewusstseins.*

Insgesamt kann man sagen: Bewusstsein entsteht, (1) *wenn die interozeptiven Gefühle, die wir empfinden* – die ihren Ursprung tief in unserem gesamten lebenden Organismus haben –, und (2) das, *was wir in der Umgebung desselben Organismus wahrnehmen und in unserem eigenen Denken aufnehmen,* (3) (a) *nebeneinander* und (b) *gleichzeitig innerhalb eines einzigartigen Gebildes verarbeitet werden.* Dieses einzigartige Gebilde ist nun einmal unser *gesamter lebender Organismus* mit seinen beiden herausragenden, einander ergänzenden Bestandteilen: (a) dem *ganzen Körper* und (b) dem *Nervensystem*, das innerhalb dieses Körpers angesiedelt ist. Der Bestandteil (b) ist vollständig im Bestandteil (a) eingebettet. Was wir tief in uns spüren und was wir aus unserer Umgebung und aus unserem Denken wahrnehmen, wird in der Folge *nur von einem einzigen integrierten, einzigartigen Subjekt erlebt.* Dieses Subjekt ist der reiche Eigentümer eines bestimmten lebenden Körpers und seines im Wesentlichen loyalen, aber auch eigensinnigen Dieners: des Nervensystems.

VII

Die Tatsache, dass bewusste Gefühle vorhanden sind, bietet noch keine Garantie für vollkommene homöostatische Wachsamkeit und birgt auch ihre Risiken – wer warnende Gefühle erlebt, missachtet unter Umständen ihren gut gemeinten Rat. Dennoch haben bewusste Gefühle verblüffende Vorteile. Sie tragen nicht nur dazu bei, das Leben aufrechtzuerhalten, sondern stärken auch die dazu eingesetzten Mittel und verbessern infolgedessen insgesamt die Überlebensaussichten.

Wie bereits erwähnt, haben homöostatische Gefühle die Aufgabe, die Kräfte im Inneren jedes so ausgestatteten Lebewesens darüber zu informieren, dass bestimmte Maßnahmen ergriffen werden müssen, damit das Leben fortgesetzt werden kann. Möglicherweise ist der Körper zu warm und braucht Abkühlung, oder er ist zu trocken und braucht Flüssigkeit, oder ihm fehlt ganz einfach Energie, sodass Nahrung willkommen wäre. Gefühle übermitteln entscheidende Kenntnisse auf der Grundlage einer ständigen Beurteilung der Lebensbedürfnisse des Organismus. Dabei sind sie kaum einmal nebensächlich. Im Gegenteil: Es ist, als wären die Gefühle entschlossen, uns so handeln zu lassen, dass die Bedürfnisse des Körpers befriedigt werden. Gefühle sind *überzeugend*. Das Geheimnis dieser Macht liegt in ihrer besonderen Physiologie. Gefühle übermitteln Nachrichten nicht im Morsecode; sie wühlen das Fleisch auf und beunruhigen den Geist, und das oft so lange, bis wir ihren Forderungen oder Ratschlägen nachkommen. Nebenbei bemerkt: Wenn Gefühle einfach wollen, dass wir uns entspannen, den Tag genießen und die Umwelt zu unserem potentiellen Nutzen erkunden, veranlassen sie uns ebenfalls dazu, und zwar hartnäckig, aber auf angenehme Weise. Kurz gesagt: Ob Gefühle nun *empfehlen* oder *zwingen*, *verführen* oder *verlangen*, sie sorgen dafür, dass wir »Dinge tun«, und diese »Dinge« haben auf höchst effiziente Weise mit dem Leben sowie ganz gezielt mit seiner Aufrechterhaltung zu tun. Den Empfehlungen der Gefühle zu folgen oder ihren Befehlen zu gehorchen hilft uns weiterzuleben.

Homöostatische Gefühle wirken Wunder, weil sie nützliche Kenntnisse/Informationen *enthalten* und effizient *vermitteln*. Die Effizienz liegt in ihrer Natur, weil sie Kenntnisse nicht mithilfe irgendeiner abstrusen Sprache übermitteln, sondern affektive *Qualitäten* und *Intensitäten* zeigen, die ihren Ausdruck in *tatsächlichen Änderungen im Fleisch des Subjekts* finden; sie *offenbaren* tatsächliche Lebenszustände. Gefühle sind keine höflichen Visitenkarten. Je nach der Situation, über die sie urteilen, können ihre Vorschläge und Forderungen auf das Niveau von Befehlen aufsteigen, die so nachdrücklich erteilt werden, dass man sie nicht verweigern und erst recht nicht ignorieren kann.

VIII

Dass es homöostatische Gefühle ohne bewusste Komponente gibt, wäre mir nicht bekannt. Wie sollten wir wissen, dass sie existieren, wenn sie nicht bewusst wären? Sie sind von Anfang an bewusst, vollständig mit dem Leben des Organismus verknüpft, in dem sie auftauchen, und vollständig darauf ausgerichtet, den Augenblick zu retten. Sie können entweder wohlmeinende Prediger sein oder aber in Versuchung führende Teufel, die den nachfolgenden Triumph ihrer Verführung auskosten. Gemeinsam mit den homöostatischen Gefühlen entstehen die ersten Schritte in dem weit reichenden Prozess des Bewusstseins. Alle *normalen, nichtfühlenden Inhalte unseres Geistes* sind von Natur aus *im Kontext/der Perspektive der gefühlten, homöostatischen Notwendigkeiten* eines einzelnen lebenden Organismus angesiedelt. Infolgedessen sind *alle* nicht-fühlenden Inhalte des Geistes *betroffen*. Insgesamt *werden die gewöhnlichen, nichtfühlenden Inhalte des Geistes bewusst, weil sie gleichzeitig im Geist eines Organismus wiedergegeben werden, der gerade dabei ist, sein eigenes Leben zu fühlen, und deshalb überzeugend darüber in Kenntnis gesetzt wird, was notwendig ist, damit dieses Leben erhalten bleibt.*

Stellen wir uns einmal eine Bühne vor, auf der homöostatische Gefühle und das Bewusstsein, das jedes von ihnen mit sich bringt, die Scheinwerfer sind: Alle Kulissen und Schauspieler werden von diesen großen Lichtquellen am richtigen Platz beleuchtet. Daran ist nichts Wundersames. Die normalen, nichtfühlenden Inhalte des Geistes werden durch die physiologisch mit ihm verbundene »Beleuchtung«, die durch ihre Begleitung auf sie fällt, bewusst. Sie übernehmen die Gefühligkeit, die der fühlende Geist ständig und im Überfluss spendet.

Kapitel 12

Mehr über die Entstehung des Bewusstseins

I

Homöostatische Gefühle schwelgen im Durcheinander der Lebensregulationsereignisse, die sich in den inneren Organen abspielen und in den Gehirnegionen für die Interozeptionsverarbeitung Gestalt annehmen, wobei sie *zeitlich* mit den bildlichen Mustern *zusammenfallen*, die ihren Ursprung in der Außenwelt – oder in den Datenbanken unseres Gedächtnisses – haben und in den exterozeptiven Arealen des Gehirns, beispielsweise den visuellen und akustischen Wahrnehmungsarealen, zur Schau gestellt werden. Dann ensteht dort – und zwar nur dann und dort – ein echter bewusster Geist. Nur dann werden die Bilder der Welt um den Organismus herum – oder die Reflexionen, die wir auf diese Bilder zusammen mit den sprachlichen Übersetzungen bei jedem Geistesinhalt anwenden können – wegen ihrer Begleiterscheinungen ordnungsgemäß als zu diesem Organismus gehörig erkannt. Nur dann wird die Einführung des Bewusstseins bewerkstelligt, und zwar dank der natürlichen, spontanen, unentbehrlichen Botschaft der »Zugehörigkeit«, die Gefühle an unseren gesamten bildlichen Raum übermitteln, zu dem die *Wahrnehmenden*, *Reflexiven* und *Linguistischen* Prozesse gehören. Diese überzeugende Botschaft der Zugehörigkeit ermöglicht es dem Körper, die Bilder zweifelsfrei zu »besitzen«.

Die von den homöostatischen Gefühlen ausgehende Botschaft berichtet in aller Stille und aus unterschiedlichen Perspektiven über den augenblicklichen Zustand des lebenden Körpers. Die Botschaft beschränkt sich nicht darauf, die in verschiedenen Körperteilen ablaufenden Tätigkeiten zu beschreiben, sondern sie beschreibt auch die mit diesen Tätigkeiten verbundenen *Qualitäten*. Gefühle setzen die Bilder, die den laufenden Denkprozess bilden – Bilder von Gegenständen, Tätigkeiten, Beziehungen und Ideen sowie den Worten, die sie wiedergeben –, darüber in Kenntnis, dass es inmitten der ganzen Betriebsamkeit einen *fühlenden*, lebendigen, arbeitenden Körper gibt und dass Geist und Körper Partner sind, die zusammenarbeiten.

Die ununterbrochenen Gefühle ereignen sich gleichzeitig mit den Bildern, die den laufenden Denkprozess beschreiben, und dieser umfasst eine Mischung aus dem, was wahrgenommen und reflektiert wird. Die fortlaufenden Gefühle *offenbaren auf natürliche Weise*, dass die Perspektive, aus der alle diese Bilder erzeugt werden, keine andere ist als die des jeweiligen Körpers. Alle diese Bilder zeigen auch an, dass der gesamte Bilderprozess *zum Körper gehört* und *in demselben lebenden Organismus abläuft*. Körper und Geist gehören zusammen, und der einzige Ort ihrer Beziehung – der Körper – ordnet ihnen einen Standort im Universum zu.

Bewusstsein ist die Folge dieses Ablaufs, der von einem mit Nerven ausgestatteten Organismus in Gang gesetzt wird und sich in dem gemeinsamen Raum von Körper und Nerven in Form der animierten Bilderwelt entfaltet, die den *Geist* ausmacht. Die Tatsachen, die in diesem zusammengesetzten Geistesprozess zum Vorschein kommen, stellen *Erkenntnisse* dar. Sie erzählen spontan und effizient eine überzeugende

Geschichte. Gefühle zeigen den Körper als *Ort* des Geistes und legen seltsamerweise nahe, dass er der *Eigentümer* dieses Geistes ist. Damit beginnt der Weg des Ich.

II

Warum sind homöostatische Gefühle *spontan* bewusst? Die Antwort könnte nach meiner Überzeugung einfacher nicht sein: Es hat mit *Notwendigkeit* zu tun! Da Gefühle von Natur aus den Zustand des Lebens im Organismus nachzeichnen, hat ihnen der Evolutionsprozess die Rolle als *Wächter* zugewiesen ihnen eine ganz bestimmte, unentbehrliche Pflicht auferlegt: *die Unversehrtheit des lebenden Organismus zu schützen, indem sie ihn auf Gefahren und Gelegenheiten aufmerksam machen.* Wären homöostatische Gefühle *nicht* bewusst gewesen, hätten sie ihre lebensschützenden Pflichten, die ihnen von der Natur übertragen wurden, nicht wahrnehmen können. Homöostatische Gefühle *mussten spontan und notwendigerweise bewusst sein*. Das war Wunsch und Befehl der Natürlichen Intelligenz!

Leben ist ein Drahtseilakt, ein heikler Prozess, der sich selbst gegen viele Widrigkeiten aufrechterhält und jede verfügbare Hilfe braucht, um dabei Erfolg zu haben. Gefühle sind ein wichtiger Weg, um unsere Form eines komplizierten Lebens mit der Wahrnehmung von Verpflichtungen zu unterstützen. Gefühle *beraten* den Organismus, und wenn es notwendig ist, sagen sie ihm vielleicht, dass er sich in Deckung begeben und sein Leben retten soll. Gefühle können dem Organismus aber auch sagen, dass keine besonderen Schwierigkeiten in Sicht sind, dass so weit alles wunderbar ist und dass er Zeit hat, sich auszuruhen und Neues zu entdecken! Gefühle mussten spontan bewusst sein, sonst hätten sie solche *lebensfördernden* und *lebensrettenden* Aufgaben nicht erfüllen können. Einen anderen Weg gab es nicht. Das ist auch der Grund, warum Gefühle den Mittelpunkt unseres Berichtes über die Entstehung des Bewusstseins bilden müssen.

III

Wie entstehen Gefühle? Ihre bewusste Stellung haben sie mithilfe ihrer Physiologie erlangt, und die hat ihre Wurzeln in den Tiefen der Funktionsweise lebenden Fleisches.

Im Gegensatz zu unserer Wahrnehmung der Außenwelt erhalten die Wahrnehmungen, aus denen sich die Gefühle bilden, eine unmittelbare Verbindung zu ihrer Quelle aufrecht. Amüsanterweise könnte man diese direkte Verbindung als »Rettungsleine« bezeichnen, denn sie verbindet die Darstellung der tatsächlichen Gefühle, die im Raum des lebenden Organismus auftreten, mit der Quelle dieser Darstellung: mit dem Lebensprozess, der sich im Fleisch des Körpers entfaltet. Beide Seiten – eine im Gehirn, die andere im Körper, die »Gefühlsempfindung« auf der einen Seite und die »körperliche Quelle der Empfindung« auf der anderen – stehen in einem reichhaltigen Dialog. Dies sollte uns daran erinnern, dass zwischen der Wahrnehmung von Schmerzen und der Wahrnehmung einer Wolke am Himmel nicht nur ein geringfügiger Unterschied besteht. Mit der Wolke kann mein Gehirn nicht »reden« oder umgekehrt, aber die Wunde, der ich die Schmerzempfindung verdanke, kann *immer wieder* mit meinem Gehirn darüber »reden«, was sich in ebendieser Wunde abspielt. Eine Wunde ist *hier* und eine *interozeptive Darstellung* der Wunde *dort*, und beide beteiligen sich an einem veränderlichen Austausch von Nachrichten, der das Problem lindern soll. Nach meiner Vermutung erzeugt ihr »Zwiegespräch« das, was wir als *Erleben* bezeichnen.

Die gerade beschriebene Konfiguration unterscheidet sich auffällig von der Konfiguration für die einfache akustische oder visuelle Wahrnehmung von Gegenständen, die sich nicht im Inneren unseres Organismus, sondern in seiner Umgebung befinden. Die Anordnung ist auch bemerkenswert anders als das, was man in vergleichbaren Situationen bei Bakterien oder Bäumen findet. Solche Lebewesen können weder ihr Inneres noch ihr Äußeres im eigentlichen Sinn des Wortes »wahrnehmen«; vielmehr »spüren« sie. Spüren ist ein entfernter, einfacher Verwandter der »Wahrnehmung«. Es erfordert kein Nervensystem. Spüren reagiert in einer bestimmten Regulationssituation auf einige auffällige Aspekte eines Reizes, muss aber keine umfassende Darstellung dieser Situation erzeugen: Es muss nicht *beschreiben*. Vergleichen wir jetzt das Spüren mit dem Wahrnehmen, wie es durch ein Nervensystem möglich gemacht wird: Wahrnehmung erzeugt detaillierte Darstellungen, und wenn die Gegenstände des Wahrnehmungsprozesses sich innerhalb des Organismus befinden, können Körper und Gehirn durch ihr Zusammenwirken eine reichhaltige, aber *flexible Beschreibung* hervorbringen, weil der genaue Zustand des lebenden Organismus ohne Weiteres schwanken kann.

Die Konfiguration für das Spüren unterscheidet sich deutlich von der, die hinter akustischen oder visuellen Wahrnehmungen steckt. Solche Wahrnehmungen bestehen aus *eintreffenden Einwegnachrichten*. Diese stammen aus der äußeren Realität und verändern über Sondenorgane wie Augen und Ohren den Zustand von Nervenrezeptoren, aber an den Ausgangspunkt der Nachricht wird kein Dankeszeichen geschickt. Es besteht kein unmittelbarer Dialog zwischen dem Gehirn und der äußeren Realität, die am Ende in seinem Inneren dargestellt wird.

IV

Wie wir bereits festgestellt haben, hält der hinter unseren Gefühlen stehende Wahrnehmungsapparat im Gegensatz zu dem, was mit unserer Wahrnehmung der Außenwelt geschieht, eine enge Verbindung zu ihrer Quelle aufrecht. Die Prozesse, mit deren Hilfe das Gehirn in seinem Inneren Gefühle erzeugt, *und* die körperlichen Quellen der Gefühlswahrnehmung können kommunizieren. Beide Seiten – die schlichte Wahrnehmung, dass sich im Körper etwas verändert hat, und die eigentliche körperliche Quelle dieser Wahrnehmung – können miteinander »reden« und tun das auch. *Homöostatische Gefühle sind Hybridprozesse.*

V

Nach meiner Überzeugung sind homöostatische Gefühle – und Gefühle im Allgemeinen – »bildgebend« in dem gleichen Sinn, in dem auch die Wahrnehmungen, die wir von der Außenwelt schaffen, im Allgemeinen »bildgebend« sind. An dieser Stelle ist die Ähnlichkeit allerdings zu Ende. Ja, Gefühle erwachsen aus physischen »Kartierungs«-Tätigkeiten und beschreiben physische »Muster«. Ein großer Unterschied besteht aber darin, dass die Bilder, die Gefühle ausmachen, *aus meh-*

reren Quellen zusammengesetzt sind; ihre Ursprünge und ihr Zusammenbau sind weitaus komplexer als bei exterozeptiven Bildern. In dieser Komplexität spiegeln sich folgende Faktoren wider:

1. *Die Quellen der Gefühle.* Was bilden Gefühle eigentlich ab? Gefühle bilden *Strukturen* und *Ereignisse* ab, die im *Inneren* des Körpers lokalisiert sind und sich abspielen. Die jeweiligen Signale erreichen ohne Weiteres auf direktem Weg das Nervensystem, weil sowohl die peripheren als auch die zentralen Bestandteile des Nervensystems *innerhalb* des Körpers liegen; die Nachbarschaft von Körper und interozeptiven Verarbeitungsmechanismen ist maximal und unterscheidet sich bemerkenswert stark von den Verhältnissen bei der Exterozeption, bei der das Universum und seine Abläufe ausschließlich außerhalb des Körpers und seines Nervensystems angesiedelt sind.

2. *Die Vielfalt und der gesamte Umfang dessen, was abgebildet und gefühlt wird*: Welche Strukturen des Körpers werden in einem bestimmten Gefühl abgebildet, und wo liegen diese Strukturen im Körper? Die Interozeption sammelt Informationen aus einer Vielzahl von Quellen im Körper.

3. *Der Mikroapparat, der den Gefühlsprozess in mehrfacher Hinsicht unterstützt*:

(a) die beteiligten Zellen auf der Körperseite des Prozesses, darunter sowohl Neuronen als auch solche, die keine Nervenzellen sind;

(b) die Tatsache, dass die meisten an der Interozeption beteiligten Neuronen von alter evolutionärer Herkunft und entweder gar nicht oder nur schlecht myelinisiert sind; das ist entscheidend, denn aus ihrem Aufbau, der nicht dem Standard entspricht, ergibt sich als unmittelbare Folge, dass die Tätigkeit der interozeptiven Neuronen

(I) von ihrem Wesen her langsam ist, und zwar weit langsamer als die der an den Exterozeptionsprozessen beteiligten Neuronen;

(II) *nicht ausschließlich und unabhängig neuronal* ist, weil ihre Tätigkeiten mit der Tätigkeit der benachbarten »nicht-neuronalen« Zellgewebe »vermischt«/»verflochten« sind;

(III) von chemischen Substanzen abhängig ist, deren Ursprung *sowohl* im Nervensystem *als auch* im Körper liegt.

Die *Qualitäten* und *Intensitäten*, mit denen wir Gefühle erleben und beschreiben, sind die Folge der zuvor skizzierten besonderen Strukturen und Abläufe, und sie unterscheiden sich eindeutig von denen, die für exterozeptive Prozesse gelten.

Zusammenfassend kann man sagen: GEFÜHLE sind *zusammengesetzte Prozesse eines einzigartigen Typs*. Sie sind nicht *monosensorisch* wie visuelle oder akustische Wahrnehmungen, sondern *stammen aus vielen Quellen und sind demnach polysensorisch*. Gefühlserlebnisse sind zusammengesetzt aus:

1. *interozeptiven Repräsentationen*, die von unterschiedlichen Abläufen in den inneren Organen ausgehen;

2. Qualitäten und Intensitäten, in denen sich Aspekte der Tätigkeit von Körperteilen widerspiegeln, die von »affektverwandten« Substanzen gelenkt werden; diese Substanzen sind auch an der »Körper-Neuronen-Verflechtung« beteiligt, die möglich gemacht wird, weil (a) im System nicht myelinisierte, interozeptive Axone vorherrschen; und weil (b) zwischen Körper und Nervensystem unmittelbare, ungehinderte Interaktionen stattfinden, die eine Folge der Lage des Nervensystems im Körperinneren sind.

Kapitel 13

Mehr über die Neurobiologie der Interozeption

I

Wie wir bereits erfahren haben, ist das Auftauchen homöostatischer Gefühle als entscheidender Schritt dafür verantwortlich, dass das Bewusstsein Wirklichkeit wird. Demnach kann man auch sagen: Wenn wir die hinter dem Bewusstsein stehenden biologischen Vorgänge beschreiben wollen, müssen wir die biologischen Vorgänge der homöostatischen Gefühle beschreiben. Das ist sicher ein gewaltiges Unterfangen, aber die gute Nachricht lautet: Entsprechende Projekte laufen schon seit einiger Zeit, und einige grundlegende Tatsachen sind mittlerweile gut verbürgt. Das liegt vor allem an der derzeitigen Forschung im Bereich der Interozeption: Ihr Ziel ist die Aufklärung der Prozesse, die an der Repräsentation und Regulation des Innenlebens komplexer Lebewesen mitwirken.

Wie im vorangegangenen Kapitel erwähnt, wissen wir heute, dass homöostatische Gefühle von einer Klasse der Neuronen abhängig sind, die sich durch eine spärliche oder völlig fehlende Myelinisolierung ihrer Axone auszeichnen. Dieses aufschlussreiche Merkmal zeigt, dass die betreffenden Neuronen von sehr alter evolutionärer Herkunft sind, und es sorgt dafür, dass sie sich physiologisch von den Neuronen unterscheiden, mit denen wir die Welt um uns herum durch unsere Sinne wahrnehmen oder uns mithilfe unseres motorischen Systems in dieser Welt bewegen.

Aber auch weitere, nicht weniger faszinierende Tatsachen betreffen die biologischen Grundlagen der homöostatischen Gefühle und der dahinter stehenden Interozeption. Diese besonderen Neuronen, deren Axonen das Myelin weitgehend oder völlig fehlt, liegen gehäuft in Nervenbahnen, die eine enge Verknüpfung zwischen inneren Organen und bestimmten zentralen Bestandteilen des Nervensystems herstellen. Die Aufgabe der Bestandteile, die ich meine, ist die Koordination einiger grundlegender Lebensfunktionen, von denen zuvor bereits die Rede war; dazu gehören unter anderem die Steuerung der Körpertemperatur, die Prozesse von Atmung und Blutkreislauf sowie das Ess- und Trinkverhalten.

Die homöostatischen Gefühle haben einzigartige physiologische Grundlagen. Solche Gefühle sind die Folge von Signalen, die entscheidende Aspekte der körperlichen Physiologie beschreiben, manche davon umfassend, andere lokal. Beispielsweise können wir, so seltsam oder sogar unerwünscht und verwirrend es erscheinen mag, ein Gefühl des allgemeinen »Wohlbefindens« erleben, und doch existiert dieses Gefühl gemeinsam mit dem von Zahnschmerzen! Alle dafür verantwortlichen Signale werden durch das interozeptive Nervensystem übermittelt, allerdings mit Sicherheit von *unterschiedlichen* Abschnitten. Die Wörter, mit denen wir die damit zusammenhängenden Erlebnisse beschreiben, bezeichnen unterschiedliche *Qualitäten* (beispielsweise angenehm, unangenehm, schmerzhaft oder lustvoll), und wir können das Erlebnis verbal *quantifizieren*, beispielsweise als schwach oder intensiv, als klein oder groß.

Wenn man diesen Prozess begreifen will, kann man sich die unzähligen interozeptiven Neuronen vorstellen, die sich großzügig über den ganzen Körper und in seinem Fleisch verteilen. Die Interozeption sorgt dafür, dass ein vorläufiges, dynamisches, zusammengesetztes »Bild« des gleichermaßen zusammengesetzten »Körperzustandes« aufgebaut wird. Natürlich fehlt dabei die kameraähnliche Differenziertheit einer Netzhaut, aber überlegen wir einmal, was wir stattdessen bekommen: Millionen interozeptive Nervensonden, die sich überall im Inneren des Fleisches und an seiner Oberfläche verteilen und ihre Signale (1) im Vagusnerv sammeln, aber auch auf einem parallelen Weg (2) in den peripheren Nervenganglien und im Rückenmark.

Der Vagusnerv wirkt in großem Umfang an der Interozeption mit. Er versorgt praktisch unser gesamtes Inneres, das heißt, er empfängt Signale aus dem ganzen Körper und übermittelt Signale in den ganzen Körper. Die Signale der Vagurnerven, die im *Nucleus tratus solitarii* (NTS) zusammenlaufen, tragen dazu bei, dynamische Landkarten des inneren Milieus aufzubauen und eine fortlaufende, dynamische Repräsentation des gesamten Organismus aufrechtzuerhalten. Der NTS ist eine wichtige Region im Hirnstamm: Dort laufen Signale aus dem gesamten Körper in einem dafür vorgesehenen Abschnitt aus Nervenzellen zusammen. Diese Zellen werden zu Mitwissern der Signale, welche die Funktionszustände verschiedener Teile des lebenden Organismus repräsentieren.

Die Signale aus dem Vagusnerven und den peripheren Nervenganglien treffen im Hirnstamm in Kernen von bemerkenswerter Intergrationskraft zusammen, so im *Nucleus tractus solitarii* (NTS), dem *Nucleus parabrachialis* (PBN) und dem *periaquäduktalen Grau* (PAG). Diese und andere Kerne leisten jeweils eigene Beiträge zum Aufbau der homöostatischen Gefühle, einem Protzess, der sich aufwärts zum Großhirn fortsetzt und dort in Bereichen wie dem Thalamus und dem Hypothalamus weitere subkortikale Kerne hinzuzieht, aber auch Regionen wie die Inselrinde, die zur Großhirnrinde gehört.[3]

Bemerkenswerterweise haben diese beiden Wege, auf denen Informationen aus den inneren Organen das Gehirn erreichen – der Vagusnerv und das Rückenmark –, einen unterschiedlichen evolutionären Ursprung und unterschiedliche Zwecke. Beide übermitteln Informationen aus dem gesamten Körperinneren, aber der Vagusnerv ist in der Evolution jünger. Aller Wahrscheinlichkeit nach befasst sich das Rückenmark mit der Regulation von Prolemen auf Leben und Tod, während der Vagusnerv subtilere Regulationstätigkeiten ausübt.

Nach unserer Überzeugung beginnt die Erzeugung der homöostatischen Gefühle als Folge der umfangreichen Betrachtung, die der Prozess der *Ganzkörper-Interozeption* vornimmt; im weiteren Verlauf entwickeln sie sich bei jedem weiteren Haltepunkt, bei einer Station des »Affektsystems« nach der anderen. Dabei dürfen wir aber die wichtigste Tatsache nicht aus den Augen verlieren: Ganz gleich, auf welcher Ebene des Nervensystems die homöostatischen Gefühle erzeugt werden und welchen Prozess sie im Einzelnen am Ende unterstützen, sie sind zwangsläufig *bewusst*. Die Folge sind eine allmähliche, unaufhaltsame Zunahme der Bewusstseins-»Bilanz« und die Bereitstellung eines bewussten *Hintergrundgewebes* für alle Akrobatik, die der Rest des *Integrierten Geistes* – die *Wahrnehmenden* und *Reflexiven/Linguistischen* Prozesse – gleichzeitig zu unserem Nutzen ausführt.

II

Diese faszinierenden Tatsachen bilden den unentbehrlichen Hintergrund zur Beantwortung einer grundlegenden Frage: Wie kommt es aus physiologischer Sicht dazu, dass wir *fühlen* und damit *den Zustand des Lebens im Organismus erleben*? Einen beträchtlichen Teil zur Lösung dieses Problems liefern die Prozesse, die wir gerade skizziert haben. Sie beschreiben auf der Ebene des Nervensystems die notwendigen Instrumente und geben sogar vor, was für »Mikroprozessoren« – das heißt, welche Neuronentypen! – erforderlich sind, um diese komplexen Tätigkeiten auszuführen. Im Idealfall sollten wir allerdings in der Lage sein, noch stärker in die Tiefe zu gehen und das Geheimnis hinter einer auf den ersten Blick scheinbar unmöglichen Umwandlung zu lüften: Wie kommt es, dass biologische Prozesse, die *an der Schnittstelle von Körpergewebe* UND *interozeptiven Neuronen* ablaufen, sich in die Muster/Ereignisse verwandeln, die wir *im Geist fühlen* und als einzigartige Individuen *erleben* können?

In früheren Arbeiten aus den letzten zehn Jahren habe ich die Ansicht vertreten, dass die beiden Partner dieser biologischen Übereinkunft – die besonderen interozeptiven Neuronen und die Zellen im Gewebe unserer inneren Organe, die keine Nervenzellen sind – an einem Prozess der *Vermischung* mitwirken.[4] Damit ist gemeint, dass Moleküle, die auf beiden Seiten des Prozesses zur Verfügung stehen, Einfluss auf die Tätigkeit der jeweils anderen Seite haben können. So können beispielsweise (a) Moleküle, die im nichtneuronalen Körpergewebe vorliegen, (b) unmittelbar die Tätigkeit der interozeptiven Neuronen verändern, deren vom Körper beeinflusste Leistung zu den physiologischen Merkmalen führt, die wir in Form von Gefühlen erleben. Diese Gefühle lassen sich mit Worten beschreiben, die man gewöhnlich mit Affekten assoziiert – mit den »Qualitäten und Quantitäten«, die den physiologischen Zuständen des Körpergewebes entsprechen und in der traditionellen Terminologie, die für affektive Prozesse verwendet wird, als »Valenzen« bezeichnet werden. Wenn wir betrachten, wie solche Abläufe auf der Ebene der Zellen beschrieben werden, wird aber klar, welche Bedeutung man dem Aufbau der interozeptiven Neuronen beimessen muss, aber auch der Tatsache, dass Moleküle aus der Umgebung solcher Neuronen wegen der fehlenden Myelinschranke die Möglichkeit haben, deren Tätigkeit zu beeinflussen, was in Gegenwart von Myelin nicht möglich wäre. Das müssen wir im Hinterkopf behalten, wenn wir den Begriff *vermischen* verwenden. Festzuhalten bleibt: Wir beschreiben hier die Schaffung von etwas Neuem, einer Kombination von Prozessen in Körper und Nerven, und zwar weder das eine noch das andere, sondern eine Mischung von *beiden*, die man sich nur deshalb vorstellen kann, weil die anatomischen und physiologischen Eigenschaften der an dem Prozess beteiligten Neuronen ganz anders sind als in der klassischen Lehrbuchvorstellung, wonach Neuronen einfach still sind – eine »Funktion 0« – oder aber aktiv werden – eine »1«.

III

Der Vermischungsprozess basiert auf einer umfangreichen nichtsynaptischen Signalübertragung, die ihrerseits auf ganz bestimmten physiologischen Phänomenen beruht, nämlich auf (1) *Volumenübertragung*; (2) *ephaptischer Kopplung*; und (3) den Prozessen, die durch die *Fensterung der Blut-Hirn-Schranke* ermöglicht werden. Ich weiß, dass die Namen dieser Prozesse recht undurchsichtig sind, und werde später erklären, worin sie bestehen. Vorerst möge die Aussage genügen, dass jeder von ihnen einen Weg darstellt, auf dem unmyelinisierte Neuronen ihre Aufgabe erfüllen und auf einzigartige Weise zur Erzeugung interozeptiver Gefühle beitragen. Unterstützt werden solche Prozesse auch durch verschiedene besondere Merkmale in der einzigartigen Anatomie und Physiologie des *Vagusnervenkomplexes*.[5]

Myelin dient normalerweise als isolierende Barriere. In einer typischen myelinisierten Nervenzelle verbessert es die Effizienz der Signalübertragung und schafft die Möglichkeit, dass ein elektrisches Signal entlang einer Kette von einem Neuron zum nächsten springt. Myelin sorgt für eine originalgetreue Signalübertragung. Unmyelinisierten oder schwach myeliniserten Axonen dagegen fehlt die Isolierung, sodass sie Molekülen, die aus ihrer extrazellulären Umgebung herandiffundieren, ausgesetzt sind. Das macht sie anfällig für diese anderen Moleküle, und es begünstigt andere Formen der Signalübertragung neben dem typischen »Ein und Aus«, das sich mit den Synapsen der myeliniserten Nervenzellen verbindet. So sind solche Neuronen beispielsweise nicht streng auf schnelle, von Ort zu Ort verlaufende Signale beschränkt, sondern sie interagieren mit ihrer Umwelt und integrieren neuronale und nichtneuronale Signale aus Nachbargeweben. Kurz gesagt, sind myeliniserte Axone von ihrer Umwelt durch das Myelin abgekapselt und für die schnelle Signalübertragung zuständig; die nicht oder nur geringfügig myeliniserten Axone dagegen sind langsamer, ihrer chemischen Umgebung ausgesetzt und damit in ihrer Signalübertragung weniger stark reguliert. Weiter begünstigt wird diese Eigenschaft durch besondere anatomische Merkmale wie die Remak-Bündel aus Axonen, die eng nebeneinander liegen und damit sowohl direkte Interaktionen von Axon zu Axon als auch solche zwischen Axonen und Umwelt erleichtern. Zu solchen Remak-Bündeln gehören häufig auch die Axone des Vagusnerven.[6]

Die Neuronen des Vagusnerven nehmen ständig Moleküle in ihrer *extrazellulären* Umgebung wahr und reagieren darauf. Sie erzeugen keine *digitalen Alles-oder-nichts-Signale*, sondern stellen dynamische *analoge Sensoren* dar. Was dabei wichtig ist: Diese *direkte Schnittstelle vom Neuronalen zum Nichtneuronalen* ist das physiologische Kernstück der Interozeption. Sie versetzt Neuronen in die Lage, ein breites Spektrum chemischer Signale zu integrieren, ohne dass sie dazu auf Synapsen angewiesen wären, die auf ganz bestimmte Moleküle eingestellt sind. Zu den Substanzen, die im Vagusnerven nichtsynaptisch wirken, gehören ATP, GABA, Serotonin, Acetylcholin, Vasopressin und Capsaicin. Dass diese Moleküle im Vagusnerven eine Schlüsselrolle spielen, wird durch vielfältige Experimente bestätigt.

Das Phänomen der nichtsynaptischen Signalübertragung ist bis heute zu wenig erforscht. Anzuerkennen, dass sie einen grundlegenden Kommunikationsweg zwischen Gehirn und Körper darstellt, ist aber unentbehrlich, wenn wir mit unseren Erkenntnissen über die Interozeption weiterkommen wollen.

Ein weiterer wichtiger Faktor, der zur Interozeption beiträgt, ist die *ephaptische Kopplung*, die in eng zusammengedrängten Bündeln nicht oder schwach myelinisierter Neuronen stattfindet: Hier beeinflussen elektromagnetische Felder, die von einem Neuron oder einer Neuronengruppe erzeugt werden, am Ende die Impulstätigkeit ihrer Nachbarn. Bemerkenswert ist dabei, dass die ephaptische Kopplung auch die Prozesse von Riechen und Schmecken unterstützt. Aus meiner Sicht sind die Prozesse, die dem Riechen und Schmecken zugrunde liegen, gute Beispiele für die »ständige Nutzung« des Vermischungsmechanismus, in dem die chemische Umgebung und besondere Axone eine »gefühlte« Wahrnehmung liefern.

Ein weiterer Motor der Interozeption besteht aus spezialisierten neuronalen Abschnitten, die *unmittelbar* dem Blutkreislauf ausgesetzt sind. Die Hirnblutgefäße sind in der Regel durch Endothelzellen abgedichtet, die den Zustrom von Agenzien mit dem Blut streng regulieren, sodass das Gehirn vor Krankheitserregern abgeschirmt wird und sein empfindliches chemisches Gleichgewicht beibehalten kann. In manchen Regionen jedoch, den zirkumventrikulären Organen oder CVOs, fehlt die Barriere, sodass ein ungehinderter Austausch zwischen Blut und Nervengewebe möglich wird. CVOs finden sich rund um die Gehirnventrikel und haben Öffnungen, die man Fensterungen nennt; sie machen solche Regionen durchlässig und damit anfällig, versetzen sie aber auch in die Lage, sich am schnellen Austausch wichtiger Signalsubstanzen (darunter Hormone, Neuropeptide und Neuromodulatoren) zwischen Gehirn und Körper zu beteiligen.

Darüber hinaus sind unter den Neuronen in auffälligen CVOs wie der *Area postrema* (AP), dem Subformikalorgan (SFO) und der *Eminentia mediana* (ME) auch solche, deren

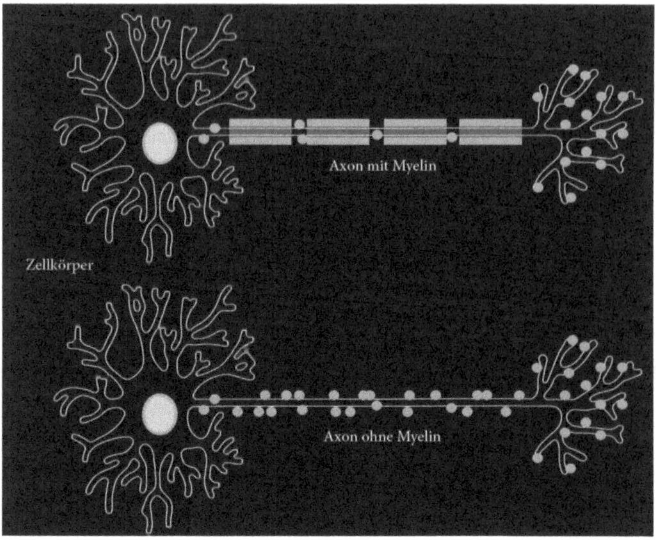

Anatomie ist Schicksal. Neuronen mit myelinisierten Axonen eignen sich hervorragend für die Übermittlung digitaler »Ein-« oder »Aus-« Nachrichten, jener Schalter, die man durch »Einsen« oder »Nullen« darstellen kann. Dagegen sind Neuronen, deren Axone wenig oder gar kein Myelin enthalten, recht durchlässig und arbeiten analog. Sie vermischen sich mit dem lebenden Fleisch in ihrer Umgebung und tragen dazu bei, die eigenständige Welt der homöostatischen Gefühle zu schaffen, die einer Beschreibung des inneren Zustandes des Organismus gleichkommt.

Rezeptoren für die Wahrnehmung giftiger Substanzen unentbehrlich sind und auf solche Moleküle reagieren, indem sie Erbrechen auslösen. Diese Reaktion verhindert, dass weiteres Gift aufgenommen wird, und erhält damit das homöostatische Gleichgewicht aufrecht. Das SFO nimmt auch die Salzkonzentration im Blut wahr und gibt Signale an den Hypothalamus ab, sodass dieser den Nieren eine Reihe von Befehlen erteilen kann, die dazu dienen sollen, das Flüssigkeitsgleichgewicht wiederherzustellen.

Auch der Vagusnerv leistet machtvolle Beiträge zur Interozeption. Er versorgt praktisch das gesamte Körperinnere, das heißt, er empfängt Signale aus dem ganzen Körper und sendet Signale in den ganzen Körper. Indem er im NTS zusammenläuft, unterstützt der Vagusnerv den Aufbau dynamischer Landkarten des inneren Milieus und erhält eine ununterbrochene, dynamische Repräsentation des Organismus aufrecht.

Kapitel 14

Über Bewusstsein und Geist

I

In vielen bekannten Theorien über die Frage, wie das Bewusstsein entsteht, steckt unausgesprochen der Gedanke, dass alle Inhalte, die im Geist dargestellt werden, an der Bildung des Bewusstseins beteiligt sein müssen. Letztlich würde damit jeder mentale Inhalt seine eigene Bewusstseinsdosis beisteuern, und ein einzelner bewusster Geist würde als Folge erwachsen, wenn der bewusste Zustand seiner zahlreichen Bestandteile zusammenfließt.

Meine Sichtweise auf die Entstehung des Bewusstseins könnte abweichender nicht sein. Nach meiner Überzeugung beginnt Bewusstsein nicht auf der Ebene einzelner mentaler Inhalte, sondern *auf der Ebene des Organismus – der Organismus spürt aufgrund der im fühlenden Geist zur Schau gestellten interozeptiven Gefühle seine eigene Existenz.* Die Inhalte des *Integrierten Geistes*, die in dem jeweiligen Organismus gleichzeitig auftreten, *werden bewusst gemacht, weil sie innerhalb eines Organismus dargestellt werden,* der durch die Prozesse seines *Fühlenden Geistes* bereits bewusst ist. Vorausgesetzt, ein lebender Organismus erzeugt seine *eigenen* hömöostatischen Gefühle, werden letztlich auch alle seine geistigen Inhalte bewusst; dies ist eine Folge des Ortes, an dem sie auftreten; bewusst werden sie buchstäblich dadurch, dass sie sich in einem

Organismus abspielen, der JETZT bewusst, das heißt wissend, funktioniert.

Der unverzichtbare erste Schritt für die Herstellung eines Bewusstseins ist aus meiner Sicht also in jedem Organismus die Entstehung *ununterbrochener homöostatischer Gefühle*, die in ihrer grundlegenden, einheitlichen Form die bereits erörterten *Daseinsgefühle* sind. Gemeinsam machen diese Gefühle den jeweiligen lebenden Organismus zu einem bewussten Organismus, weil sie eine unauslöschliche Verbindung zwischen dem Geistesprozess und dem Körper, der ihn versorgt, kennzeichnen. Es gibt aber noch einen weiteren, nicht weniger eindrucksvollen Schritt. Wenn die Prozesse des *Integrierten Geistes* sich weiter entfalten, lösen viele ihrer Inhalte einen parallelen, praktisch ununterbrochenen »Gefühlskommentar« aus; dieser spiegelt den Widerhall der laufenden Wahrnehmungsinhalte, spielt aber auch eine Rolle für die homöostatische Regulation. Kurz gesagt, erzeugen die ablaufenden geistigen Inhalte zusätzliche homöostatische Gefühle, und da jedes homöostatische Gefühl *spontan bewusst* (d. h. bekannt) ist, ergeben sich daraus zusätzliche Bewusstseinsvorgänge. Mit anderen Worten: Sobald Daseinsgefühle vorhanden sind, ist der Bewusstseinszustand des Organismus unverkennbar, möglicherweise aber nicht sonderlich reichhaltig oder intensiv. Der Bewusstseinszustand kann aber übermäßig stark werden, wenn zahlreiche Inhalte des wahrnehmenden, reflexiven und linguistischen Geistes alle möglichen homöostatischen Gefühle hervorrufen und damit die schiere Menge der spontan bewussten Ereignisse ansteigen lassen.

Geistesprozesse sind manchmal einfach und konzentrieren sich auf vollkommen beiläufige Themen, und im nächsten Augenblick werden sie ungeheuer komplex, bedienen sich zahlreicher verschachtelter Inhalte und erzeugen eine Fülle intensiver, bewusster homöostatischer Gefühle.

Ich vertrete die Ansicht, dass der bewusste Geist sich elastisch erweitern oder schrumpfen kann, je nachdem, welche Menge an mentalen Gegenständen er zum jeweiligen Zeitpunkt verarbeitet und bedient. Der bewusste Geist stattet die Gegenstände in seinem Fließen (a) mit einer obligatorischen, ununterbrochenen Gruppe von Daseinsgefühlen aus, aber auch (b) mit zahlreichen Formen homöostatischer Gefühle, die durch die fortlaufende, gleichzeitige Gegenwart vielfältiger geistiger Inhalte wie Objekte, Ideen und Tätigkeiten erzeugt werden.

Aus der beschriebenen Sichtweise auf die Entstehung des Bewusstseins ergibt sich unter anderem die Folge, dass es so etwas wie ein »erweitertes Bewusstsein« nicht gibt – den Begriff hatte ich früher in meinen Arbeiten eingeführt und hielt ihn einst für hilfreich.[7] Stattdessen könnte man von einem »erweiterten« Geist – im Gegensatz zu einem »grundlegenden« Geist – sprechen, je nach der Menge, der Vielschichtigkeit und den komplexen Beziehungen zwischen den Gegenständen, die sich derzeit in diesem Geist befinden, aber auch nach ihrer obligaten »musikalischen« Begleitung durch homöostatische Gefühle. *Was erweitert und ausgedehnt wird, ist in Wirklichkeit das Spektrum des Geistesprozesses*, angemessen unterstützt durch den Bewusstseinsprozess, der ständig die Existenz des jeweiligen »Eigentümers« signalisiert und damit auch viele andere mentale Bestandteile bewusst macht. Am besten bezeichnet man diese komplexe Darstellung von Kenntnissen in unserem eigenen bewussten Geist dennoch mit dem Begriff *Integrierter Geist*, von dem zuvor die Rede war (siehe Kapitel 5).

II

Wie wird der Zusammenhang zwischen dem *Geistesprozess* und dem *Organismus/Körper* hergestellt? Das Kunststück ist atemberaubend einfach. Im Zusammenhang mit dem breiten mentalen Panorama, das unser Gehirn ständig erzeugt, haben wir bereits auf zwei wichtige Gruppen von Tätigkeiten und ihre jeweiligen Produkte angespielt. Die Tätigkeitsgruppe A umfasst die mentalen Folgen der Prozesse, die wir als *Wahrnehmenden* und *Reflexiven/Linguistischen Geist* bezeichnet haben, die Kernbestandteile des *Integrierten Geistes.* Sie erzeugen *mentale Bilder*, welche die Welt rund um den Organismus wiedergeben, und werden durch den von uns in Gang gesetzten *Denkprozess* genutzt, um auf die Bilder zu reagieren. Die Bilderwelt beschreibt (a) alle möglichen Lebewesen, (b) alle möglichen Tätigkeiten, an denen diese Lebewesen beteiligt sind, (c) alle möglichen Objekte und ihre Beziehungen und (d) unsere Urteile über sie, zusammengefasst also *alle möglichen Lebewesen und Objekte sowie die mit ihnen zusammenhängenden Tatsachen und Ideen.*

Die zweite Gruppe von Tätigkeiten B, die den *Fühlenden* Geist erzeugt, schafft *die Gefühle, die ständig den derzeitigen körperlichen Zustand des Organismus in die Sprache der Affekte übersetzen*, und stellt sie zur Schau. Ebenso *begleiten sie ständig die Bilder aus Gruppe A wie ein disziplinierter Chor, der eine vielstimmige Partitur zur Aufführung bringt.*

Die Gruppen A und B werden von unterschiedlichen Gehirnarealen/Systemen erzeugt und sind demnach räumlich getrennt. Mit anderen Worten: Die Gruppen A und B *finden im Nervensystem nicht an der gleichen Stelle statt.*

Wie bereits erwähnt, besteht der entscheidende, spektakuläre Kunstgriff des Bewusstseins darin, diese beiden Gruppen von Abläufen *zeitlich gegenüberzustellen*, sodass beide Gruppen *nicht nur in demselben Gehirn ablaufen, sondern auch zur selben Zeit*. Die Gefühle in der Gruppe B wurden vielleicht als Reaktion auf die Verarbeitung der in der Gruppe A erzeugten Bilder erzeugt oder auch nicht. Für die Funktion hat diese räumliche und zeitliche Gegenüberstellung jedoch die Folge, dass *alle* Bilder, die derzeit in dem einzigen mentalen Panorama auftauchen – man könnte von einem *Geist, wie er im Buche steht,* sprechen –, nicht nur *zur Schau gestellt werden, sondern auch von Gefühlen begleitet sind*. Bewusstsein ist die natürliche Folge einer festen, unausweichlichen Kopplung von (a) Bildern, die Tatsachen und Ideen darstellen, mit (b) Gefühlen, welche die derzeitigen *Zustände des Körpers* repräsentieren und *zur gleichen Zeit* erzeugt wurden, zu der diese Tatsachen und Ideen entstanden sind und im mentalen Raum desselben Gehirns und desselben Organismus dargestellt werden.

Wenn Tatsachen und Ideen zeitlich den körperlichen Gefühlen innerhalb desselben Organismus *gegenübergestellt* werden, sind *Erlebnisse* das Ergebnis. Um den Mechanismus dieses gemeinsamen Prozesses weiter zu verdeutlichen, könnte man die Dinge auch umdrehen und sagen: Die fortlaufende Bilderwelt in unserem Denkprozess *übernimmt* die Affekte, die gleichzeitig von den homöostatischen Gefühlen übermittelt werden. *Die Bilderwelt wird bewusst, weil sie mit einer fortlaufenden Darstellung bewusster homöostatischer Gefühle zusammenfällt und untrennbar mit ihnen verbunden ist.*

Wie bereits erwähnt, spielt es, was die Erzeugung des Bewusstseins angeht, keine Rolle, ob die Gefühle, die ein Bild bewusst machen, gerade von diesem Bild verursacht wurden. Alle beliebigen Bilder können von dem Bewusstsein profitieren, das die homöostatischen Gefühle ihnen verleihen. Wenn es um das Bewusstsein geht, ist das entscheidende Element die gleichzeitige Gegenwart einer *Gefühlswelt*.

Was dabei bemerkenswert ist: Zu den mentalen Bildern, die am Ende von der ständigen Gegenwart und Gegenüberstellung von Gefühlen »beeinflusst« werden, gehören nicht nur solche, die wir derzeit hervorbringen und wahrnehmen, sondern auch andere Bilder, die wir in der Vergangenheit wahrgenommen und im Gedächtnis gespeichert haben und die wir jetzt im Rahmen unseres fortlaufenden Reflexions-/Denkprozesses abrufen.

Bewusstsein heißt, die Gegenstände, Ereignisse und Ideen zu *erleben*, die unsere innere alte und neue Bilderwelt derzeit zeigt. Dieses Erleben, also das Bewusstsein, kommt durch die gleichzeitige Gegenwart homöostatischer Gefühle zustande. Im typischen Fall treten solche Erlebnisse sehr auffällig in Form visueller und akustischer Bilder auf, die häufig die Landschaft unserer Bilderwelt beherrschen, aber sie gelten auch für *alle* anderen Bilder, die von den Mitteln unserer Wahrnehmung erzeugt werden, darunter aktuelle oder erinnerte Geschmackseindrücke, Gerüche und Berührungen. Die Erlebnisse spielen sich im Zusammenhang mit dem gesamten Spektrum möglicher Bilder ab.

Letztlich besteht Bewusstsein daraus, dass wir Bildmuster aufnehmen, die sich möglicherweise als einfach erweisen und durch die fortlaufende Wahrnehmung oder durch Erinnerung aus dem Gedächtnisspeicher entstehen *UND durch die komplexen Qualitäten der homöostatischen Gefühle angereichert werden*. Was die Funktion angeht, haben diese beiden parallel ablaufenden, aber zusammenhängenden Prozesse die Folge, dass etwas ganz Neues geschaffen wird: jemand, der *stän-*

dig wahrnimmt oder *erlebt*. Wie sich herausstellt, ist ein solcher Jemand eigentlich ein mentaler Stellvertreter des Körpers, der rechtmäßige Eigentümer des Lebens, das sich in jedem einzelnen Organismus abspielt. Unter praktischen Gesichtspunkten kann ein solcher Wahrnehmender/Erlebender im Schauspiel des bewussten Geistes verantwortungsvoll andere Rollen übernehmen. Man kann ihn beispielsweise als *Ich* oder *Selbst* bezeichnen. Der erhabene Geist und der bescheidene lebende Körper sind auf alle Zeiten in einem Theaterstück namens Bewusstsein verbunden.

III

Hier ist der richtige Ort, um auf eine wichtige Tatsache hinzuweisen: Nicht nur ich denke seit mehr als drei Jahrzehnten über das Bewusstsein nach und schreibe darüber, sondern das Gleiche tut auch eine ganze Reihe angesehener Kolleginnen und Kollegen. Ich kann nicht auf die Gedanken aller eingehen, die sich darum bemüht haben, Licht in die biologischen Grundlagen des Bewusstseins zu bringen, sondern nur diejenigen Vorschläge nennen, die ich am faszinierendsten finde.

Nennenswerte Aufmerksamkeit fand das Thema erstmals in den 1980er- und 1990er-Jahren. Damals versuchten Neurowissenschaftler in den Vereinigten Staaten und Europa zu erklären, wie das Gehirn ein Bewusstsein hervorbringt, und auch bei Philosophen erwachte ein neues Interesse, die Frage zu erörtern. Als der Philosoph David Chalmers in einer denkwürdigen Formulierung vom »schwierigen Problem des Bewusstseins« sprach, formierte sich ein neues Fachgebiet, und das Interesse daran flaute nicht mehr ab.[8]

Jaak Panksepp und A. D. Craig, zwei Kollegen aus der Welt der Affektiven Neurowissenschaft, bemühten sich um eine physiologische Erklärung des Bewusstseins.[9] Insbesondere Panksepp erkannte wie ich die große Bedeutung der Gefühle und der subkortikalen Mechanismen. Dagegen entwickelten Stanislas Dehaene und Jean Pierre Changeux für das Bewusstsein eine Erklärung (die *Global Workspace Theory* oder GWT), die sich auf die Großhirnrinde konzentrierte und auf kognitiven Mechanismen basierte.[10] Das Gleiche galt für Francis Crick und Christof Koch: Auch sie stellten die Großhirnrinde in den Mittelpunkt ihrer Gedanken und schlugen rein kognitive Mechanismen vor.[11] Ihre Ansichten könnten von meiner heutigen Sichtweise nicht weiter entfernt sein (weitere Anmerkungen zu Crick und Koch in Kapitel 23). Ebenso machten es Gerald Edelman und Giulio Tononi:[12] Auch sie konzentrierten sich auf die Bedeutung der Großhirnrinde und erklärten das Bewusstsein unter rein kognitiven Gesichtspunkten. Bemerkenswerterweise verfeinterte Tononi die Theorie über Entstehung und Funktionsweise des Bewusstseins später noch weiter zur *Integrated Information Theory* oder IIT, wie man sie nannte.[13]

Aber niemand hätte vorhersehen können, dass noch eine weitere Erklärung für das Bewusstsein auf der Bildfläche erscheinen würde. Sie kam dieses Mal nicht aus dem Umfeld der Biologie, sondern aus der Physik und erwuchs aus den Arbeiten von Karl Friston.[14] Er wollte mit seiner »Theorie der prädiktiven Kodierung« die Wahrnehmung erklären, erweiterte sie aber dann auf die Entstehung des Bewusstseins. Seiner Theorie zufolge nehmen wir nicht unmittelbar die Welt wahr, sondern vielmehr den Inhalt eines Modells der Welt, das unser Gehirn zuvor in der Erwartung, ihm zu begegnen, konstruiert hat. Die eigentliche Wahrnehmung der Welt findet nur dann statt, wenn das Gehirn die »Vorhersagefehler« korrigiert, die es begeht, wenn es in die Welt hinausblickt. Erst nach einer ordnungsgemäßen Korrektur stimmt die Wahrnehmung dann mit der Realität überein. Fristons Erklärung ist faszinierend und wurde ausführlich diskutiert. Sie fand sogar die Unterstützung eines Kollegen, der vor ihrer Einführung mit meinem gefühlsbasierten Bewusstseinsmechanismus einverstanden war: der Psychoanalytiker und Psychologe Mark Solms.[15] Aber bis heute ist keineswegs geklärt, wie das Bewusstsein von dem bei Friston skizzierten Ablauf profitieren soll; außerdem klafft zwischen seiner Theorie und den neurobiologischen Mechanismen, mit denen ich gern die Entstehung von Subjektivität und Bewusstsein erkläre, eine Lücke. In dieser Hinsicht sind meine Vorbehalte keine Ausnahme (siehe Frank, Gleiser und Thompson, 2025).[16] Die heute verfügbaren ausgefeilten, faszinierenden Beschreibungen des Bewusstseins erklären aber nicht die affektive Natur der Bewusstseinszustände, die wir ständig erleben. Außerdem spricht nichts für die Vorhersagen, die sich aus den hypothetischen kognitiven Mechanismen der IIT und GWT ableiten.[17]

Die Hypothese, die ich in diesem Buch vertrete, bietet eine plausibe Erklärung dafür, wie das Bewusstsein in der notwendigen, üppigen Entwicklung homöostatischer Gefühle seinen Anfang nimmt. Sie schließt auch eine plausibe Erklärung dafür ein, wie solche Gefühle in unserem Organismus erzeugt werden können: durch einen Vermischungsmechanismus, in dem sich (a) ausschließlich neuronale und (b) körperliche, nichtneuronale Phänomene durch das nachgewiesene Vorkommen einer besonderen Klasse schwach oder gar nicht myelinisierter Neuronen in den peripheren und zentralen Bestandteilen von Nervensystemen wie dem unseren verflechten.

Kapitel 15

Bewusstsein und sein Verlust

I

Wenn man Beweise zusammenträgt, dass die Bewusstseinstätigkeit bescheidene Anfänge hat – damit meine ich, dass sie nicht hoch oben in der Großhirnrinde beginnt, sondern weit darunter –, sollte man sicher eine schwerwiegende, unumstößliche Tatsache berücksichtigen: Eng umgrenzte Schäden an ganz bestimmten, kleinen Teilen des Hirnstammes verursachen regelmäßig und vorhersehbar einen umfassenden Bewusstseinsverlust. So ist es tatsächlich. Zu dem entscheidenden Teil des Hirnstammes gehören Teile der *Medulla oblongata*, der *Pons* und der Kleinhirnstiele. Schäden in diesen Bereichen – und insbesondere in ihrem posterioren (hinteren) Abschnitt – verursachen einen umfassenden Bewusstseinsverlust, auch Koma genannt; ob Neurologiepatienten sich davon erholen oder nicht, hängt davon ab, wie umfangreich der Schaden in diesem gut umgrenzten Gehirnabschnitt ist. Der Zusammenhang ist absolut spezifisch. So führen beispielsweise Schäden in der unmittelbar *anterior* (das heißt vor) diesem Bereich des Hirnstammes zu verheerenden Bewegungsstörungen, aber das Bewusstsein bleibt intakt. Sieht man sich diese Störung genauer an, so stellt sich heraus, dass der Abschnitt des Hirnstammes, der in der engsten Verbindung zum Bewusstseinsverlust steht, wichtige Neuronenkerne beinhaltet.

Diese Kerne sind beteiligt, wenn interozeptive Signale zusammengeführt werden, die irgendwo aus dem Körper stammen und unterhalb der Ebene der »Läsion«, das heißt des eng begrenzten Schadens, angesiedelt sind. Läsionen, die über oder unter dem entscheidenden Niveau liegen, verursachen eine Fülle von Symptomen, sorgen aber nicht für den radikalen Bewusstseinsverlust, den wir bei Komapatienten antreffen. Faszinierend ist, dass die durch den Schaden des Hirnstammes verursachte Fehlfunktion auch dann vorhanden ist, wenn das entsprechende Gehirngewebe nicht völlig zerstört, sondern nur desorganisiert ist. Die Schädigung einiger Kerne und die Störung der komplizierten Kommunikation zwischen ihnen reichen aus, um ihre integrierte Funktion zunichtezumachen.

Solche Korrelationen liefern wertvolle Anhaltspunkte für unseren Versuch, die biologische Grundlage des Bewusstseins zu erklären. Die beschriebenen, begrenzten Schäden machen die Möglichkeit zunichte, auf hohem Niveau integrierte Repräsentationen des Körperbaus aufrechtzuerhalten; dazu gehören auch Bestandteile der inneren Organe wie Lunge und Herz, in denen sie die Atmung steuern und sowohl den Herzschlag als auch den Blutkreislauf aufrechterhalten. Größere Schäden in solchen Bereichen des Nervensystems führen letztlich dazu, dass die zentrale Lenkung solcher lebenswichtigen Organfunktionen verloren geht und die erforderliche zentrale Steuerung buchstäblich auf die inneren Organe selbst übergeht. Die Betroffenen verlieren ihre innere *Interkoordination*, eine Funktionserrungenschaft, die durch die genaue Koordination der beteiligten Neuronenkerne in der komplizierten Nervenanordnung, welche die Homöostase steuert, möglich gemacht wird. Die Koordination geht verloren, und die Steuerung bleibt dem Zufall überlassen. Diese Funktionsanordnung erklärt, warum die Prognose derartiger Störungen unsicher ist und nicht selten auch den Verlust des Lebens einschließt. Das ist kaum verwunderlich, wenn man sich klarmacht, dass die »lebenswichtigen« Nervenkerne sich in der Region des oberen Hirnstammes konzentrieren.

II

Wesentliche Teile der gerade beschriebenen Befunde haben ihren Ursprung in klassischen Studien zur Pathologie des Menschen von den Autoren Fred Plum und Jerome Posner,[18] aber Untersuchungen an Komapatienten mit modernen bildgebenden Verfahren haben die älteren Befunde bestätigt und ergänzt.[19] Die neuen Arbeiten zeigen recht genau, wo die Läsionen, die das Koma verursachen, im Hirnstamm liegen und welchen Umfang sie haben. Bemerkenswerterweise lassen keine anderen eng umgrenzten Schäden des Gehirns eine solche systematische Assoziation erkennen. Andererseits beeinträchtigen direkte Schäden an den Stellen im Hirnstamm unmittelbar die Integration der Informationen, die für das Basisbewusstsein erforderlich sind.

In manchen Fällen von Koma kommt es möglicherweise nicht zu einem vollständigen Bewusstseinsverlust, sondern er ist mit einem gewissen Maß an mentaler Aktivität und insbesondere mit Reaktionen auf mündliche Anweisungen vereinbar. Bittet man beispielsweise solche Patienten, die Hände zu bewegen, führen sie die Anweisung nicht aus, aber in einer Funktionsbeurteilung mit bildgebenden Verfahren *zeigen sie Gehirnaktivitätsmuster, die mit denen bei normalen, wachen Versuchspersonen vergleichbar sind, wenn diese die gewünschte*

Bewegung ausführen. Anscheinend besteht für solche Patienten eine größere Chance, aus dem komatösen Zustand wieder aufzuwachen.

III

Der tiefgreifende Bewusstseinsverlust, dem wir im Fall des Komas und bei den sogenannten »vegetativen Zuständen« begegnen, ist bei einer tragischen neurologischen Störung, die als »Locked-in-Syndrom« bekannt ist, eindeutig nicht gegeben. Dieses Krankheitsbild ist buchstäblich eine Umkehrung der Situation beim Koma. Durch Schäden im oberen Hirnstamm, die sich aber auf seinen *vordersten Abschnitt* beschränken – von dort treten die motorischen Fasern ihren Weg in Richtung der Zentren für Sprache sowie für Arm- und Beinbewegungen an –, sind die Betroffenen nahezu vollständig unbeweglich und nicht in der Lage, mit Sprache oder Gesten zu kommunizieren. Oft bleibt ihnen nur eine Bewegungsmöglichkeit: Sie blinzeln absichtlich und machen sich so mit der Entsprechung zu einem schwerfälligen Morsecode verständlich. Diese Möglichkeit ist auf ein besonderes anatomisches Merkmal zurückzuführen: Die Steuerung unserer Augenbewegungen ist im hinteren Teil des Hirnstammes angesiedelt, in einer Region, die im typischen Fall durch die Läsionen, welche die absteigenden motorischen Leitungsbahnen zerstören, *nicht* geschädigt ist. Dies ist für die Betroffenen der einzige Weg, um die enge Barriere, die sie daran hindert, ihre Gedanken auszudrücken, zu umgehen. Solche Patientinnen und Patienten zu untersuchen ist angesichts der grausamen Situation und der begrenzten Mittel, ihnen Erleichterung zu verschaffen, menschlich bedrückend. Besonders gilt das, wenn wir uns klarmachen, dass der bei solchen Menschen vorhandene Schaden ihre Fähigkeit, die Situation einzuschätzen, nicht vermindert und dass sie entsprechend leiden.

IV

Einen anderen bemerkenswerten Kontrast zu den Fällen von Koma bilden Kinder mit Anenzephalie. Schematisch gesprochen, bilden sie unter physiologischen Gesichtspunkten die Kehrseite von Koma und Locked-in-Syndrom. Bei solchen Kindern sind Hirnstamm, Colliculi und Zwischenhirn vorhanden, während die Großhirnrinde zum größten Teil oder vollständig fehlt und ihre Entwicklung verhindert wird.[20]

Die Folgen sind tragisch. Manche betroffene Kinder stellen eine menschliche Bindung zum Beobachter her, können lächeln, angemessene Bewegungen machen und sogar spontan eine Beziehung zu ihren Bezugspersonen herstellen. Ihr Verhalten zeigt wieder einmal, welche eindeutige Kluft zwischen den Leistungen, die durch subkortikale Strukturen möglich gemacht werden, und der Großhirnrinde besteht. In ihrem Fall steuern die subkortikalen Strukturen ein Minimum an affektiver Verarbeitung bei und sind für homöostatische Gefühle verantwortlich, die ein gewisses Maß von Bewusstsein erzeugen. Andererseits verhindert aber der umfangreiche Schaden der Großhirnrinde, dass zu den erhalten gebliebenen Affekten nennenswerte mentale Ergänzungen hinzukommen. *Wahrnehmungsverarbeitung* findet in sehr begrenztem Umfang statt, vollzogen vorwiegend durch subkortikale visuelle und akustische Zentren in Regionen wie den Colliculi. Es besteht aber keine Möglichkeit, den Wahrnehmungsprozess zu verstärken, weil die exterozeptiven Rindenareale völlig fehlen. Das Gleiche gilt für die *Denk-/Reflexionsprozesse*, die durch die Abläufe im »voreingestellter Modus« unterstützt würden. Wie nicht ausdrücklich betont werden muss, fehlen auch die Rindenareale, die Sprachprozesse möglich machen würden.

V

Wenn wir die stichhaltigsten neurobiologischen Befunde aufzählen wollen, die für oder gegen eine bestimmte Theorie für die Entstehung des Bewusstseins sprechen, würde ich die gerade zusammengefassten Befunde sofort an die erste Stelle setzen. Das Gleiche würden alle tun, die mit Neurobiologie und Neurophysiologie vertraut sind. Dennoch werden Studien über das Bewusstsein, die sich auf diese reichhaltigen Befunde stützen, selten angeführt. Das hat faszinierende Gründe. Eng begrenzte Schäden des Nervensystems von Menschen werden als »natürliche Experimente« bezeichnet, weil nicht die Forschenden selbst, sondern die neurobiologischen Krankheitsprozesse die Schäden »erzeugen«. Das stimmt natürlich. Für die Läsionen sind die Natur und ihre pathologischen Vorgänge verantwortlich, und wir Neurowissenschaftler kommen erst hinzu, *nachdem* der Schaden eingetreten ist. Dann aber können wir mit modernen Methoden Untersuchungen anstellen, und das ist ideal, wenn wir Antworten auf wichtige wissenschaftliche Fragen finden wollen. Dass die Fülle schlüssiger Daten aus der Erforschung von Gehirnschäden wenig Beachtung findet, liegt nur an der Ungeduld der Forschenden oder daran, dass sie mit den Bedingungen, unter denen man heute Gehirnschäden untersuchen kann, nicht vertraut sind.[21]

VI

Neben Gehirnschäden, die ein Koma verursachen, gibt es auch einfachere Wege, das Bewusstsein zu verlieren; am naheliegendsten ist das Einschlafen! Es geschieht von Natur aus unter vollkommen regelmäßigen Umständen, wenn der nächtliche Teil des Tag-Nacht-Zyklus bevorsteht. Müdigkeit, üppige Dosen Alkohol oder Schlafmittel können seinen Beginn beschleunigen, und das kann bedeuten, dass wir bis zu einem gewissen Grade die Kontrolle über den Prozess verlieren. Wenn der Schlaf eintritt, geht das Bewusstsein vollständig verloren – so scheint es jedenfalls, solange nicht Träume ins Spiel kommen und einen Teil des Bewusstseins zurückbringen.

Über den Schlaf, ob mit oder ohne Träume und mit oder ohne die Gesellschaft von Sigmund Freud und C. G. Jung, werde ich nichts weiter sagen.[22] Wir müssen aber hinzufügen, dass auch die Narkose ein Weg ist, das Bewusstsein zu verlieren, und das hoffentlich unter der professionellen Aufsicht eines Anästhesisten. Die Anästhesie stellt eigentlich ein weiteres kontrolliertes Experiment dar und beweist unsere Aussage hervorragend: *Wenn die Möglichkeit, homöostatische Gefühle zu haben, außer Kraft gesetzt wird – ganz gleich, mit welchem Mechanismus –, ist auch das Bewusstsein außer Kraft gesetzt.* Nun wollen wir, dass die Chirurgen das leisten, was sie leisten müssen, um unser Leben zu retten, und wir wollen, dass sie es tun, *ohne dass wir die zugehörigen Schmerzen erleiden müssen.* Und tatsächlich verschwinden Schmerzen und viele andere homöostatische Gefühle unter Narkose auf wundersame Weise, womit der Zusammenhang zwischen Bewusstsein und homöostatischen Gefühlen offensichtlich wird.

Kapitel 16

Körpertemperatur und Atmung

An einer früheren Stelle habe ich die Aufmerksamkeit bereits auf die erstaunlich enge Beziehung zwischen Körpertemperatur und Bewusstsein gelenkt. Dieses Thema möchte ich noch weiter vertiefen. Die Regulation der Körpertemperatur ist einer der wichtigsten und am höchsten entwickelten Aspekte unserer Homöostase, aber wir denken kaum einmal darüber nach. Ihre Bedeutung lässt sich ganz einfach beweisen: Wenn wir ein Zimmer betreten, in dem die Klimaanlage auf Hochtouren läuft, zittern wir und protestieren; treten wir an einem sehr warmen Sommertag gedankenlos nach draußen, zucken wir unangenehm berührt zurück; und wenn wir Grippe haben, mit Fieber im Bett liegen und uns bitter über Schüttelfrost beschweren, verschreibt der Arzt uns Aspirin, um die Körpertemperatur zu senken.

Die genannten Beispiele für Gefühle im Zusammenhang mit der Körpertemperatur sind allgemein bekannt und unverkennbar, aber wenn man darüber nachdenkt, wie leicht diese Gefühle sich einstellen, richtet sich die Aufmerksamkeit auf etwas, das uns zuvor kaum aufgefallen ist: Unsere Körpertemperatur wird in einem so engen Bereich aufrechterhalten, dass schon eine geringfügige Abweichung nach oben oder unten die gerade beschriebenen, sehr bewussten Alarmsignale auslöst. Dann bemerken wir, dass eine *grundlegende* Körpertemperatur im Bereich der altbekannten, langweiligen 37 Grad real ist und ständig vorhanden war; und dann, siehe da, bemerken wir auch, dass ein ganzer warmer Körper uns zusammenhält und dass wir seine Gegenwart tatsächlich *fühlen* können, wenn wir nur stillhalten und darauf achten. Solche subtilen Empfindungen sind ein zentraler Teil der *Daseinsgefühle*, wie ich sie zuvor genannt habe; sobald wir mit ihrer ruhigen, gut eingespielten Routine herumspielen, erkennen wir, dass sie eifrig im *Hintergrund* gewartet haben und bereitstehen, um sich bemerkbar zu machen und uns so vor Schaden zu bewahren.

Wie an den genannten Beispielen deutlich geworden ist, besitzen wir nur eine geringfügige Toleranz für nennenswerte Abweichungen der Körpertemperatur, ob sie ihren Ursprung nun in der Umgebung oder im Inneren des Organismus haben. Die Körpertemperatur ist für die Aufrechterhaltung der Homöostase so entscheidend, dass potenziell schädliche Abweichungen schnell wahrgenommen und durch *bewusste* homöostatische Gefühle angekündigt werden, damit eine Korrektur stattfinden kann. Diese eigenartige Situation lässt sich mit folgenden Tatsachen erklären:

1. Bei Menschen und anderen Säugetieren erfordert die Aufrechterhaltung des Lebens eine stabile Körper-Kerntemperatur von ungefähr 37 Grad Celsius. Geringfügige Abweichungen von diesem Wert nach oben oder unten werden sofort wahrgenommen und durch Gefühle signalisiert. Der ganze Prozess ist so vollständig bewusst, dass das betroffene Individuum gezielt über das Problem nachdenkt und dann Korrekturmaßnahmen ergreift. Für den Umgang mit einem solchen sensiblen Parameter verlässt sich die Natur nicht auf automatische, unbewusste Prozesse, sondern sie spielt den Ball auf unser bewusstes Spielfeld.

2. Das System, das für die Wahrnehmung von Abweichungen der Körpertemperatur sorgt, wurde kürzlich nachgewiesen. Es liegt im präoptischen Areal des Hypothalamus, auch POA genannt.

Die Neuronen im POA empfangen Informationen über die Körpertemperatur, die von nahezu überall im Körper verteilten Sensoren, von der Haut bis zu der Tiefe der inneren Organe, gesammelt werden. In der Neuronenpopulation im Hypothalamus sind spezifische Ionenkanäle dafür verantwortlich, die an sie übermittelten Temperaturabweichungen wahrzunehmen und ihnen sofort entgegenzuwirken. Ein Ionenkanal namens TRPM2, der zu der Familie der TRP-Ionenkanäle gehört, ist beispielsweise dafür zuständig, Fieberreaktionen zu begrenzen und so extrem hohes Fieber zu verhindern. Dies wurde von Jan Siemens und seiner Arbeitsgruppe in Heidelberg nachgewiesen[23] und auch von Elena Gracheva und Sviatoslav Bagriantsev an der Yale University untersucht.[24]

Die Kerntemperatur und ihre empfindliche Steuerung sind ein Paradebeispiel für den Lebensprozess. Die zugehörigen Hintergrundgefühle helfen uns auf subtile Weise, eine Grundlage des Lebens wahrzunehmen und allgemein zu lokalisieren. Die mit der Temperaturregulation zusammenhängenden homöostatischen Gefühle – darunter Fieber und Schüttelfrost – sind eindeutig bewusst und tragen dazu bei, dass wir unseren lebenden Organismus lokalisieren und abgrenzen können, jenes bewusste Kerngebilde, zu dem wir gehören und zu dem andere homöostatische Gefühle, die Atmung und Kreislauf betreffen, zusätzlichen Umfang und weitere Details beisteuern.

Was seltsam, aber eigentlich nicht verwunderlich ist: Wie Daniel Sessler zeigen konnte, lässt eine Vollnarkose, die das vollkommenste kontrollierte Experiment mit dem Bewusstsein darstellt, die Schwelle für die Regulation der Körpertemperatur von ungefähr 37 Grad im Wachzustand auf 34,5 Grad sinken. Auf dem Weg zu dieser niedrigeren Körpertemperatur setzt das Narkosemittel das Bewusstsein außer Kraft, was gut ist, verhindert es doch, dass wir den Temperatursturz spüren. Dies hat einen doppelten Vorteil: Wir klagen nicht darüber, dass uns kalt ist, und wir protestieren nicht lautstark, wenn der Chirurg in unser Fleisch schneidet.

***

Für das Leben ist die Atmung nicht weniger unentbehrlich als eine in einem engen Bereich gesteuerte Körpertemperatur. Sind die Luftwege durch Asthma oder eine schwere Infektion verengt, besteht Lebensgefahr. Und wenn die Luftröhre durch den Hollywood-Mitternachtswürger blockiert wird, kommt es zur Erstickung, und das Leben endet. Die Atmung ist für eine Fortsetzung des Lebens nicht weniger entscheidend als eine gleichbleibende Körpertemperatur oder ein gut funktionierendes, Blut pumpendes Herz. Sie ist sogar so entscheidend, dass drei unterschiedliche Abläufe – die Aufrechterhaltung der Körpertemperatur, die Atmung und der Blutkreislauf – jeweils durch eine ganze Sammlung vollkommen bewusster homöostatischer Gefühle geschützt werden, die bei den ersten Anzeichen für Probleme sofort die entsprechenden Abwehrmaßnahmen ergreifen. Diese Alarmsysteme arbeiten vom Beginn des Lebens bis zum Tod und geben sich alle Mühe, das Lebewesen auf Gefahren und drohende Schädigungen hinzuweisen. Wie erreichen sie eigentlich solche Ziele? Ihre Hilfsmittel sind Schmerzen und andere Formen tiefgreifenden Unwohlseins und Leidens. Mit anderen Worten: Hoch entwickelte

Lebewesen wie wir sind bei ihrem Eintritt ins Leben mit biologischen Hilfsmitteln ausgestattet, die den Zweck haben, das Geschenk des Lebens vor größeren Gefahren zu bewahren. Darüber hinaus gehören die unentbehrlichen, empfindlichsten Schutzmechanismen in drei Schlüsselbereiche, in denen nennenswertes physiologisches Versagen den Tod bedeutet. Wie wir in Kürze erfahren werden, funktionieren Hunger, Durst und Schmerzen nach den gleichen Prinzipien. Die dahinterstehenden Störungen werden ebenfalls durch bewusste Gefühle angekündigt, allerdings mit einer kleinen, erträglichen Verzögerung, die sie auf irgendeine Weise weniger dramatisch erscheinen lässt. Offensichtlich hat ein großzügiger Helfer den Schöpfer gebeten, ihnen ein gewisses Zeitfenster einzuräumen, und er ist dem nachgekommen.

Betonen möchte ich hier vor allem, dass *der natürliche Tod, die radikale Abkürzung des Lebens, durch nichts anderes als das Bewusstsein wirksam verhindert wird*, das sich in Form eines Panzers aus homöostatischen Gefühlen zur Geltung bringt. Allen, nach deren Überzeugung das Geschenk des Bewusstseins in der Evolution erst spät hinzukam und durch hoch entwickelte kognitive Prozesse gelenkt wurde, empfehle ich, über die urtümlichen, bescheidenen Phänomene von Körpertemperatur, Atmung und Blutkreislauf nachzudenken und ebenso über die Frage, wie die zugehörigen bewussten Gefühle die Lebensabläufe in den Zeitaltern der biologischen Evolution geschützt haben. Wir gelangen zu der unausweichlichen Schlussfolgerung, dass Bewusstsein in der Evolution nicht spät, sondern sehr früh und mit großem Nachdruck hinzukam. Es machte das Leben, wie wir es kennen, existenzfähig und robust.

Kapitel 17

Hunger und Durst

Der berühmte Tenor Luciano Pavarotti sorgte sich sehr um seine prachtvolle Stimme, was sich nicht nur, aber auch an folgendem Zugeständnis zeigte: *»Es gehört zu den schönsten Dingen im Leben, dass wir regelmäßig alles, was wir tun, unterbrechen und unsere Aufmerksamkeit dem Essen widmen müssen.«* Dass er es ehrlich meinte, sollte niemand bezweifeln.

Wie entsteht Hunger? Heute kennen wir Antworten auf diese Frage: Es ist kein einfacher Prozess. Einige der wichtigsten Mechanismen möchte ich beschreiben. Hunger und sein Gegenteil – das Sättigungsgefühl – stehen in engem Zusammenhang mit der in den Fettzellen gespeicherten Fettmenge. Wenn sich diese Menge im Laufe eines Tages vermindert, geht auch die Ausschüttung des Hormons Leptin zurück, und seine Konzentration im Blut sinkt. Der Rückgang des Leptinspiegels sorgt seinerseits für die Aktivierung einer bestimmten Neuronengruppe, die an der Basis des Hypothalamus angesiedelt ist – diese Neuronen werden als »AgPR« bezeichnet, was für »Agouti-related and protein expressing« steht. Wenn der Leptinspiegel zurückgeht, setzt im Laufe ungefähr einer Minute die Aktivierung der AgPR-Neuronen ein, was verschiedene Folgen hat; die wichtigste ist ein allgemein bekanntes homöostatisches Gefühl: *Hunger*. Dies ist einer der wichtigsten Mechanismen, die Hunger auslösen. Ein weiteres Hormon, das Hunger erzeugen kann, ist das im Magen produzierte *Ghrelin*.

Wie andere homöostatische Gefühle, so ist auch Hunger uns *spontan bewusst*. Lautstark und unüberhörbar veranlasst er uns, Nahrung zu uns zu nehmen, sobald es machbar ist. Interessanterweise sind parallel zu dem sehr bewussten, effektiven Hungergefühl auch mehrere nichtbewusste Strategien am Werk, die darauf abzielen, das Hungergefühl zu unterstützen und gleichzeitig Energie zu sparen. Zu diesen Strategien gehört unter anderem eine nicht sonderlich dezente Verminderung der allgemeinen Aktivität, mit der die potenziell kostbare, noch in den Fettspeichern verfügbare Energie geschont wird. Wer Hunger hat, ist im Allgemeinen auch weniger aktiv.

Eine andere nichtbewusste Strategie besteht darin, die Produktion von Körperwärme, auch Thermogenese genannt, zu vermindern; auch das ist eine ergänzende Energiesparmaßnahme. Wem es noch nicht aufgefallen ist: Wenn wir Hunger haben, frieren wir auch leicht.

Alle diese hübschen Ergänzungen unserer bewusst ausgeführten Tätigkeiten sind ein aufschlussreicher Hinweis darauf, wie das Leben funktionierte, bevor das Bewusstsein im Repertoire der Lebewesen hinzugekommen war – das heißt, bevor es homöostatische Gefühle gab. Unsere nichtbewussten Vorfahren kamen im Leben so gut wie möglich zurecht, aber nicht so effizient, wie wir es können, seit das Bewusstsein auf der Bildfläche erschien. Viele dieser nichtbewussten Vorfahren bezahlten die Ineffizienz mit ihrem Leben, aber ihr Verlust wurde zu unserem Gewinn.

Wenn Fettspeicher sich stabilisieren oder zunehmen, steigt der Leptinspiegel im Blut, und in der Folge wird im Hypothalamus eine weitere Neuronengruppe hinzugezogen. Die unmittelbaren Folgen ihrer Tätigkeit sind eine Zunahme des Energieverbrauchs und ein entsprechender Gewichtsverlust.

Der eine oder die andere hatte vielleicht schon die richtige Vermutung, dass ein vergleichbarer Mechanismus auch beim Durst am Werk ist. Trinkbares Wasser ist für das Leben nicht weniger notwendig als Sauerstoff und Nahrung; um Lebewesen mit Wasser zu versorgen, ist nicht mehr nötig, als dass es zur Verfügung steht und getrunken wird. Etwas anderes stimmt aber auch: Ein Pferd zum Wasser zu führen ist einfacher, als es zum Trinken zu veranlassen. Das heißt, die Natur brauchte ein zuverlässiges Mittel, um Lebewesen dazu zu veranlassen – und gegebenenfalls zu zwingen –, dass sie das Wasser auch trinken. Diese Aufgabe hat ein lebensrettendes homöostatisches Gefühl, das wir *Durst* nennen und das wirksam wird, wenn der Organismus mit Wasser versorgt werden muss.[25]

Wichtig ist die Feststellung, dass Essen und Trinken von Raffinesse umgeben sind. Unser Organismus setzt das Ess- oder Trinkverhalten nicht *direkt* in Gang. Vielmehr löst er *Hunger* oder *Durst* aus, zwei eindringliche, bewusste Gefühle. Beide sind Affektprozesse und werden von besonderen Qualitäten – Dringlichkeit und Unwohlsein – dominiert, deren Ausmaß/Intensität steigt, je länger die erforderliche Korrektur hinausgezögert wird. Solche Gefühle haben natürlich die Aufgabe, das Korrekturverhalten voranzutreiben.

Durst setzt in der Regel ein, wenn die Natriumkonzentration (Na^+) im Blut über ein ungefährliches Niveau hinaus ansteigt oder wenn das Volumen der extrazellulären Flüssigkeiten sich gefährlich verringert, sodass die Osmolalität ansteigt. Wie nicht anders zu erwarten, ist uns die Na^+-Zunahme oder die Verminderung der extrazellulären Flüssigkeit (EZF) nicht bewusst. Erreicht aber die Menge von Na^+ oder EZF ein gefährliches Ausmaß, wird unser Nervensystem über solche »Messungen« in Kenntnis gesetzt und reagiert, indem es Durst auslöst. Dieser, ein spontan bewusstes homöostatisches Gefühl, wirft ganz von selbst eine einfache, eindeutige Empfehlung in die mentale Arena: Trinke, trinke jetzt, trinke so viel, wie du brauchst. Befolgen wir die Empfehlung nicht, wird das Trockenheitsgefühl immer quälender und kann sich zu einem unangenehmen Befehl entwickeln. Trink, sonst ..!

Die Wahrnehmung der gestiegenen Na^+-Konzentration, die zum Durst führt, wird zunächst von afferenten Fasern des Rückenmarks an das Zentralnervensystem übertragen; Diese Fasern laufen in den Vagusnerven und schicken ihre Fortsätze in wichtige Zentren des Hirnstammes: den *Nucleus tractus solitarii* (NTS) und den *Nucleus parabrachialis* (NPB).

Durst kann auch durch Hypovolämie ausgelöst werden, eine Verminderung des zirkulierenden Blutvolumens. Ihre Ursache ist eine Verringerung der durchschnittlichen Flüssigkeitsmenge im Blut. Die entscheidenden Stellen im Gehirn, die eine Hypovolämie wahrnehmen und den Durst verursachen, sind der mittlere *Nucleus preopticus* (MnPO), das *Organum vasculosum laminae terminalis* (OVLT) und das Subformikalorgan (SFO). Diese Nervenzentren liegen in den Regionen des oberen Hirnstammes und des Hypothalamus. Wir wissen, dass ihre Aktivierung bei Versuchstieren die Wasseraufnahme anregt, ein glaubwürdiger Hinweis, dass Durst beteiligt ist und seine Aufgabe erfüllt hat. Aus allen diesen Regionen laufen Fortsätze in die Inselrinde (IR) und den *Cortex cingulatus anterior* (CCA), die unter manchen Bedingungen ebenfalls das Durstgefühl in Gang setzen können. Hilfreich sind hier unsere persönlichen Erfahrungen mit Patientinnen und Patienten, deren Inselrinde größere Schäden aufwies. Unser berühmter Patient B zum Beispiel konnte reichliche Wassermengen trinken und berichtete *nie* über eine Stillung des Durstes. Bei ihm lag eine drastische

Fehlregulation des Durstmechanismus vor. (Bei dem Patienten B lag wegen einer umfangreichen Schädigung der Schläfenlappen ein tiefgreifender Gedächtnisverlust vor.[26])

Denkt man genauer über solche zentralen Lebensregulationsmechanismen nach, erhält man wichtige Anhaltspunkte für die Natur und Wirkungsweise des Bewusstseins. Die Fortsetzung des Lebens hängt von der Reaktion auf die wichtigsten homöostatischen Zustände ab, und dazu gehören neben Gefühlen wie Fieber und Erstickung auch Hunger und Durst, alles wirksame, lebensrettende Prozesse. Welche wichtige Rolle solche Gefühle, die für das Überleben unentbehrlich sind, in der Entwicklung des Bewusstseins als solches gespielt haben könnten, kann man sich unschwer vorstellen. Die unangenehme Natur solcher Gefühle nötigte in der Evolution zu sofortigen, wirksamen Reaktionen auf das Ungleichgewicht. Im Rahmen eines solchen Evolutionsprozesses steht zu erwarten, dass eine Reihe chemischer Signale zunächst unterhalb der Ebene des Bewusstseins wirksam wurde und zu nichtbewussten lebensrettenden Reaktionen beitrug. Die Wirksamkeit solcher nichtbewusster Signale ist aber nicht mit dem weitaus höheren Effizienzniveau zu vergleichen, das von bewusstseinsvermittelten Reaktionen geliefert wird, oder mit anderen Worten: von ausdrücklichem, affektbeladenem Wissen. Die Evolution begünstigte die Übernahme bewusster Mechanismen, das heißt der homöostatischen Gefühle. Die Entwicklung spontanbewusster homöostatische Gefühle bot eine bessere Gewähr für effektive Ergebnisse und gewann entsprechend die Oberhand.

Mit einer solchen Sichtweise lässt sich die Entstehung spontan bewusster homöostatischer Gefühle befriedigend erklären. Gefühle »mussten bewusst sein«, damit sie durch ihr Wirken das Leben begünstigen konnten. Und dazu wiederum mussten

Fieber, Luftnot, Hunger und Durst durch ausdrückliche Kenntnis – das heißt, durch Bewusstsein – belebt werden. Bewusstsein musste allen diesen Gefühlsprozessen selbst *innewohnen*, damit sie ihren lebensbewahrenden Zweck erfüllen konnten.

Bewusstsein wird nicht – und wurde nach meiner Überzeugung auch nie – für Gelegenheiten wie Durst- oder Hungergefühle von einem »zentralen Bewusstseinsproduzenten« übernommen. Das ist einer der Gründe, warum wir überzeugt sind, dass Bewusstsein in Wirklichkeit mit dem Prozess der homöostatischen Gefühle beginnt und nicht in irgendeinem anderen Funktionsbereich eines komplexen, mit Nerven ausgestatteten Organismus. Die unentbehrliche Stetigkeit der Lebensregulation setzt voraus, dass Bewusstsein ständig durch den komplexen Prozess der homöostatischen Gefühle, eine entscheidende Verteidigungslinie des Lebensprozesses, erzeugt wird. Natürlich glauben wir auch, dass die Prozesse des Geistes, die ständig durch Exterozeption und kognitive Reflexion angereichert werden, das Bewusstsein von den homöostatischen Gefühlen »übernehmen«, die in großer Fülle durch die Tätigkeit des *Fühlenden Geistes* hervorgebracht werden. Unsere mentalen/kognitiven Prozesse müssen nicht tätig werden, um ihren eigenen Inhalt bewusst zu machen. Sie können einfach das umfangreiche Bewusstsein nutzen, das gleichzeitig und unaufhörlich durch die Interozeption und die jeweiligen homöostatischen Gefühle erzeugt wird. Homöostatische Gefühle stehen bereit, um die Exterozeption mit den eigentlichen Folgen der Interozeption zu versorgen: mit einer Heimat und einem Besitzer.

Kapitel 18

Schmerzen und Übelkeit

I

Die meisten homöostatischen Gefühle sind defensiv im vorsorglichen Sinn des Wortes und machen uns auf mögliche oder wahrscheinliche Schäden aufmerksam. Das gilt für Hunger, Durst und Unwohlsein. Schmerzen dagegen, ein Star unter den homöostatischen Gefühlen, gehen noch weiter: Sie verkünden, dass bereits ein Schaden eingetreten ist, und sagen uns, dass wir aufpassen sollen, weil noch Schlimmeres bevorstehen könnte.

Verletzungen von Haut und Knochen rufen sehr schnell die Schmerzen auf den Plan, sodass unsere Unversehrtheit geschützt wird. Das ist zweifellos der Grund, warum das Wesen des Menschen sich auch bemüßigt fühlte, schmerzähnliche Zustände vorzugeben, wenn *andersartige* schwere, aber nicht körperliche Schäden eingetreten sind oder wahrscheinlich eintreten werden. Ein Beispiel ist der mentale Schaden, der uns heimsucht, wenn uns geliebte Menschen genommen werden, und das Gleiche geschieht auch, wenn wir Gefahr laufen, ihre Liebe zu verlieren. Schmerzen als Folge mentaler Schäden erweisen sich als höchst seltsame, intelligente Möglichkeit, den Apparat, der dazu konstruiert wurde, unseren Körper zu schützen, auch dann zu nutzen, wenn der Körper überhaupt nicht betroffen ist. Der *Integrierte Geist* hat die voraussichtlichen psychologischen Verluste erkannt und sieht vorher, dass körperliche Fehlfunktionen und sogar dauerhafte körperliche Schäden bevorstehen könnten. Dass eine solche umfassende physiologische Ausgestaltung stattgefunden hat, spricht für die Tiefe der Natürlichen Intelligenz und für das breite Spektrum der lebenswichtigen homöostatischen Regulation. Außerdem erinnert sie an eine einzigartige Tatsache: Komplexe mentale und soziale Beziehungen gehören in den breiten Kontext der lebenswichtigen homöostatischen Steuerung und stehen ihrem Kern so nahe, dass sie sich selbst dann auf die Unversehrtheit des Körpers auswirken, wenn keine erkennbare körperliche Gefahr droht. Schon lange bevor die Neurobiologen dazu in der Lage waren, haben Dichter verstanden, dass man die Pracht der leidenschaftlichen Liebe und das Leiden einer fehlgeschlagenen Liebe mit physiologischen Begriffen zutreffend beschreiben kann, selbst wenn die physiologischen Details sich nicht genau gleichen.

Der Mechanismus der körperlichen Schmerzen ist heute einigermaßen gut aufgeklärt. Verletzungen von Haut, Schleimhäuten oder Muskelfasern setzen die Ausschüttung verschiedener Substanzen in das geschädigte Gewebe in Gang. Vielleicht am besten bekannt ist die Substanz P, aber sie ist nur ein Teil der komplizierten chemischen Reaktion auf körperliche Schäden. Der Prozess beginnt damit, dass eine lokale Entzündung in Gang gesetzt wird; als Folge erweitern Prostaglandine, Histamin und ATP die Blutgefäße und machen die Nervenenden empfindlicher. Diese Reaktionen zielen nicht darauf ab, die Schmerzen zu vermindern, sondern sie rufen eine Entzündung hervor und heilen damit die Wunde, was sogar zu einer Zunahme der Schmerzen führt. Der Prozess der Schmerzlinderung folgt erst auf die Entstehung der Entzündung und ist die Aufgabe der Endorphine und anderer endogener Opioide.[27]

Der Form von Schmerzen entgegenzuwirken, die sich mit psychischen Problemen und tatsächlichen psychologischen Verlusten verbinden, ist mit einfachen Schmerzmitteln nicht in vollem Umfang möglich, sie lassen sich aber mit allen möglichen Wirkstoffen lindern, von Alkohol bis zu Betäubungsmitteln. Leider wirken solche bemerkenswert leistungsfähigen Lösungen für das zentrale Problem der Schmerzen zwar auf kurze Sicht vielleicht gut, sie können aber ihrerseits selbst eine Fülle von Schäden in Form von Suchterkrankungen anrichten. Außerdem verursachen sie Schäden an den körperlichen Strukturen, die für die Homöostase verantwortlich sind, und beeinträchtigen andere Organe und Systeme des Körperhaushalts. Wie nicht anders zu erwarten, ist das Nervensystem eines der ersten Ziele für solche Kollateralschäden.

II

Übelkeit ist letztlich eine Form von Schmerzen. Auch sie ist ein Alarmsystem und entwickelte sich anfangs, um Schäden zu verhüten, die mit der Aufnahme giftiger, in der Nahrung enthaltener Substanzen verbunden sind. Viele Pflanzen, ihre Samen und auch verschiedene kleine Lebewesen bergen roh oder gekocht eine eindeutige, allgegenwärtige Gefahr; für solche Vergiftungen sind Übelkeit und Erbrechen die natürliche Therapie.

Übelkeit ist ein leistungsfähiges Hilfsmittel der homöostatischen Regulation, und eine Folge dieser einfachen Effizienz ist der hoch entwickelte, selektive Umgang mit den Reaktionen darauf im Gehirn des Menschen. Unser Zentralnervensystem wird vor der Wirkung vieler äußerer Gifte durch die natürliche Barriere der Hirnhäute abgeschirmt. Hier spricht man von der Blut-Hirn-Schranke (BHS). Die BHS hüllt den größten Teil des Zentralnervensystems mit schützenden Hirnhäuten ein, aber einige kleine Areale des Großhirns, insbesondere in der Region des Hirnstammes, bleiben »ungeschützt«. Sie bilden insbesondere in einer Region namens *Area postrema* ganz buchstäblich kleine offene Fenster. Diese »Fensterung« führt dazu, dass Giftmoleküle aus dem Blut tatsächlich unmittelbar und ungehindert mit der Gehirnoberfläche in Kontakt treten und das Erbrechen auslösen können. Diese Folge ist äußerst nützlich, schützt sie doch den gesamten Organismus vor umfangreicheren Vergiftungen.

III

Dieses Kapitel zu schreiben widerstrebte mir, bis das Manuskript fast fertiggestellt war. Der Grund liegt eigentlich auf der Hand. Ich wollte nichts mit Schmerzen zu tun haben, und dazu gehörte auch, daran zu *denken*. Das Manuskript mit dem fehlenden Kapitel lag herum, bis ich mich nach einem kieferchirurgischen Eingriff – der Einsetzung eines Zahnimplantats – schließlich aufraffte. Als die winzigen Nadeln mich aggressiv stachen und das Betäubungsmittel verabreichten, um mich so vor noch größeren Schmerzen zu bewahren, wusste ich, dass ich darüber schreiben musste. Schmerzen sind etwas, das es um jeden Preis zu vermeiden gilt. Und doch sorgen Schmerzen – von Narkosespritzen oder Insolvenz bis zum Verlust von emotional nahestehenden Lebewesen – fast ebenso stark wie Liebe oder Geld dafür, dass die Welt sich dreht.

III

Jetzt, da wir es wissen

Kapitel 19

Das spürende Dasein von Pflanzen

I

Irgendwann hielt ich es für einen höchst unfairen Deal. Bäume und andere Pflanzen schenken uns so viel Freude und handfeste Güter – die Schönheit ihrer Blätter und Blüten, ihren Duft, den schützenden Schatten in der Mittagssonne, die Lebensmittel, die wir essen, und das Holz, mit dem wir Häuser bauen, Möbel herstellen und unsere Öfen heizen. Und was bekommen sie dafür? Pure Langeweile – sie stehen ständig am gleichen Platz und können sich weder fortbewegen noch einen angenehmeren Ort finden oder sich mit ihresgleichen treffen.

Heute weiß ich, dass ich mir keine Sorgen hätte machen müssen. Der Grund ist einfach: Aller Wahrscheinlichkeit nach läuft hinter dem schönen Grün nichts Mentales ab, keine Langeweile oder Erregung, weder Glück noch Traurigkeit, kein Geist, der diesen Namen verdient, keinerlei Bewusstsein. Bäume und andere Pflanzen *wissen nicht, dass sie existieren*; sie wissen auch nicht, dass wir existieren, und es kann ihnen auch nicht auf diese oder jene Weise etwas bedeuten.[1]

Ja, sie sind lebendig, und ja, sie können verwelken oder gedeihen, aber sie wissen nicht, dass ihnen das Gedeihen oder Welken widerfährt. Am wichtigsten ist, dass sie eine ganze Reihe von Reizen aus ihrer Umgebung *spüren* können – Temperatur, Wind, Luftfeuchtigkeit und das Wasser im Boden. Sie spüren Lichtquellen und wenden sich sanft in die entsprechende Richtung. Es gilt aber zu beachten, dass ich hier das Wort »spüren« und nicht »fühlen« verwende, und »spüren« führt im Gegensatz zu »fühlen« nicht zu Empfindungsvermögen und vollständig ausgeprägtem Bewusstsein. Wenn wir etwas vom »Empfindungsvermögen der Pflanzen« hören, kreist der falsche Gebrauch des Wortes um ein großes Missverständnis, was die Bedeutung von Begriffen wie *spüren, Empfindungsvermögen* und *Bewusstsein* angeht.[2]

Empfindungsvermögen ist ein altes, seltsames Synonym für Bewusstsein. Aus unserer Sicht bezeichnet der Begriff die Fähigkeit des empfindungsfähigen Organismus, zu *fühlen* und als Folge des Fühlens seinen eigenen lebendigen Zustand zu *erleben*. Fühlen und Erleben sind natürlich *subjektiv*, das heißt, sie stehen nur einem ganz bestimmten Organismus zur Verfügung: dem *Erlebenden*! Beobachter können auf der Grundlage indirekter, äußerer Anzeichen die begründete Vermutung anstellen, dass ein Organismus bewusst ist oder nicht. Ein wertvoller Anhaltspunkt ist in der Regel die Art, wie ein Organismus auf einen Reiz *anspricht* und sich ihm zuwendet oder wie ein Organismus seine Tätigkeit auf einen Reiz hin *unterbricht*. In der Neurologie nutzen wir solche Informationen, wenn wir den Bewusstseinszustand eines Patienten beurteilen sollen. Wir können aufgrund äußerer Zeichen begründete Vermutungen anstellen, aber selbst können wir den Inhalt der Empfindungsfähigkeit/des Bewusstseins des Patienten niemals direkt *beobachten*.

Spüren/bemerken dagegen ist ein weitaus weniger hoch entwickelter Prozess als Empfindungsvermögen/Bewusstsein. Er ist in der Natur allgegenwärtig und aller Wahrscheinlichkeit ein

Vorläufer und eine Basis für das, was später zum Empfindungsvermögen und dem vollständig ausgeprägten Bewusstsein wurde. Mit anderen Worten: Wenn Empfindungsvermögen/Bewusstsein in einem lebenden Organismus vorhanden ist, gibt es dort das Spüren aller Wahrscheinlichkeit schon seit einer langen Evolutionszeit, *und* es ist auch heute vorhanden. Wenn ein Organismus spüren kann, ist das aber kein Indiz, dass er auch empfindungsfähig/bewusst ist. Hier gilt es die physiologische Abfolge und Hierarchie zu beachten. Wenn ein Organismus einen bestimmten Reiz »spürt/bemerkt« folgt daraus nicht, dass er auch irgendetwas »fühlen und erleben« kann. Heute wissen wir, dass den Bäumen und anderen Pflanzen jegliche Strukturen oder Abläufe fehlen, die auf plausible Weise Gefühle hervorbringen und damit auch Erlebnisse möglich machen könnten. Hätten Pflanzen und Bäume solche Abläufe besessen, müssten diese vermutlich auf einem Nervensystem basieren, aber das ist bei ihnen eindeutig nicht vorhanden!

Nach meiner Überzeugung funktioniert die Mehrzahl der Lebewesen auf der Erde einschließlich der Pflanzen auf der grundlegenden Ebene von *Spüren/Bemerken*, ohne irgendetwas zu *erleben*, was mit solchen Prozessen zu tun hat. Empfindungsfähige, bewusste Lebewesen dagegen gehen einen Schritt über das Spüren hinaus: Sie *fühlen* und *erleben* damit etwas, was mit dem Prozess zu tun hat, der innerhalb ihres eigenen lebenden Organismus abläuft. Dieser zusätzliche Schritt ist kein reiner Luxus. Im Gegenteil: Er ist ein praktischer, nützlicher Ablauf, versetzt er doch den empfindungsfähigen/bewussten Organismus in die Lage, zu reagieren oder nicht zu reagieren, *je nachdem, welche Bedeutung der Reiz für sein eigenes Wohlergehen hat*. Er ermöglicht es dem Organismus, *spezifisch* tätig zu werden, und eröffnet dem empfindungsfähigen Organismus die Möglichkeit des *absichtlichen* Verhaltens. Solche absichtlichen Verhaltensweisen stehen natürlich uns Menschen zur Verfügung, nach meiner Vermutung aber auch zahlreichen anderen biologischen Arten, die mit einem Nervensystem ausgestattet sind und ein Empfindungsvermögen besitzen. Ich rechne damit, dass alle Säugetiere, Vögel, Reptilien und Fische bis zu einem gewissen Grade empfindungsfähig/bewusst sind, und ich wage die Behauptung, dass das Gleiche auch für viele Wirbellose gilt, darunter manche Insekten.

Wenn Forschende den Gedanken vertreten, dass Pflanzen einen Geist haben, verweisen sie uns auf die sogenannte »Neurobiologie der Pflanzen«.[3] Der Begriff ist problematisch, denn in Pflanzen gibt es keine »neuronalen« Strukturen, aber sein Gebrauch wird mit der Tatsache gerechtfertigt, dass Pflanzen Aktionspotenziale erkennen lassen. Die Aktionspotenziale der Pflanzen mögen denen der Tiere ähneln – sie depolarisieren, repolarisieren und hyperpolarisieren –, aber pflanzliche Ruhepotenziale sind anders, und anders ist auch ihre Fortpflanzungsgeschwindigkeit.

Dass Pflanzen etwas spüren können, liegt wahrscheinlich an ihrem Gefäßsystem, in dem chemische Botschaften weitergeleitet werden. Das ist aller Wahrscheinlichkeit nach der Mechanismus, mit dem ein Schaden an einem Blatt, der durch einen Unfall oder einen Fressfeind verursacht wurde, anderen Teilen des Baumes »mitgeteilt« wird und zu homöostatisch nützlichen Anpassungen führt. Ebenso macht er wahrscheinlich die Steuerungsmechanismen möglich, die hinter dem Wachstum von Wurzeln und Blättern stehen.

Faszinierender ist, dass Pflanzen auch auf Betäubungsmittel reagieren und einige ihrer Lebenssteuerungsprozesse aussetzen; das gilt beispielsweise für die Abwehrbewegungen der

Blütenblätter von Pflanzen wie der Venus-Fliegenfalle und der *Mimosa pudica*. Diese Tatsachen sind wahrhaft faszinierend, haben aber zu einer fehlgeleiteten Schlussfolgerung geführt: Da allgemeine Betäubungsmittel bei Menschen einen radikalen Verlust des Empfindungsvermögens herbeiführen, mit dem zwangsläufig auch ein Verlust von Fühlen und Bewusstsein einhergeht, wurde die Reaktion von Pflanzen auf solche Wirkstoffe zwangsläufig als Bewusstseinsverlust gedeutet und galt damit als Hinweis, dass Pflanzen tatsächlich ein Bewusstsein haben.[4] Diese Schlussfolgerung ist keinesfalls gerechtfertigt. Eine Vollnarkose verursacht auch eine umfassende Einschränkung von Spüren/Bemerken. Wäre die fragliche Spezies zu einem Bewusstsein in der Lage, würde auch diese zusätzliche Verarbeitungsebene gestört, denn sie ist auf einen »Plattformprozess« angewiesen, den Prozess des Spürens. Mit anderen Worten: Wenn die Unterstützung durch das Spüren wegfällt, sollten auch die komplexeren Funktionsstadien, die davon abhängen, zusammenbrechen, und genau das ist bei Menschen natürlich der Fall. Wir können aber nicht den Schluss ziehen, dass eine Spezies ein Empfindungsvermögen besitzt, nur weil das Empfindungsvermögen fehlt, nachdem es mit einer Vollnarkose gelungen ist, den unter hierarchischen Gesichtspunkten darunter liegenden, grundlegenden Prozess des Spürens zu blockieren! Die Unterdrückung des Spürens bei Pflanzen sagt allein nichts darüber aus, ob eine höhere Funktionsebene, die vermutlich darauf basiert, vorhanden ist oder nicht.

Dieselben Autoren propagieren auch eine »Neuroähnlichkeit« von Pflanzen und Tieren: Sie stellen fest, dass man Substanzen, die im Nervensystem von Tieren vorkommen, auch bei Pflanzen findet, darunter beispielsweise Acetylcholin, Dopamin, Histamin, Noradrenalin, Serotonin und GABA. Man muss sich aber darüber im Klaren sein, dass nichts in der Pflanzenwelt auch nur einem einfachen Nervensystem ähnelt, einem Nervensystem mit zentralen und peripheren Bestandteilen, mit Neuronen und verschiedenartigen Schaltkreisen, mit Ganglien, Zentren, und – besonders wichtig – mit einer definierbaren Beziehung zwischen einem neuronalen Bestandteil und dem übrigen Organismus, insbesondere seinem nichtneuronalen Inneren. Dass diese Substanzen in Organismen mit einem Nervensystem vorkommen, heißt nicht, dass ihr Vorkommen in irgendeinem anderen Lebewesen bei diesem ebenfalls auf ein Nervensystem hindeutet.

Bei Organismen mit einem Nervensystem ist die Situation deutlich anders als bei Pflanzen. Bei Ersteren kann man eine klare Abgrenzung zwischen dem nichtneuronalen Inneren des Organismus und dem Nervensystem vornehmen, das inmitten dieses nichtneuronalen Inneren liegt. Nach unserer bereits beschriebenen Vorstellung erwächst die Möglichkeit von Empfindungsvermögen/Bewusstsein aus einer *Interaktion zwischen dem nichtneuronalen Inneren eines Organismus und dem in diesem Inneren angesiedelten Nervensystem*. Die Interaktion erzeugt Gefühle des Lebensprozesses, und diese Gefühle – die homöostatischen Gefühle – führen zu Erlebnissen, die ihrerseits eine Verbindung zwischen Ereignissen in der Umgebung des Organismus und dem Organismus selbst herstellen.

Die entscheidenden Begriffe Empfindungsvermögen und Bewusstsein reserviert man am besten für Lebewesen, bei denen Gefühle und Erlebnisse sich entweder bestätigen lassen oder sehr wahrscheinlich sind, außerdem auch für Organismen, bei denen ein offenkundig vorhandenes Nervensystem die zuvor skizzierten Beziehungen nicht nur möglich, sondern auch plausibel macht.

Es wäre ein schöner Gedanke, dass die Bäume vor meinem Arbeitszimmer sich des Wetters bewusst sind, der Sonne und des Nebels, des gelegentlichen Regens und des Windes, alles Faktoren, die ihr Aussehen so tiefgreifend verändern können. Herauszufinden, dass die beiden Zucker-Kiefern, denen ich seit zwanzig Jahren beim Wachstum zusehe – heute sind sie über dreißig Meter hoch –, die stürmischen Santa-Ana-Winde erleben, in denen sie einen flexiblen Bogen bilden und sich bis zum Boden biegen, wäre interessant. Aber leider glaube ich, dass sie nie wissen werden, wo sie sind oder was ihnen widerfährt. Dennoch rechne ich damit, dass sie die Santa-Ana-Wetterlage spüren und sich so darauf einstellen, wie es ihrer urtümlichen, reinen Form der Homöostase entspricht, die noch nicht durch Gefühle und Bewusstsein verstärkt wird.

II

Am Ende der Ausführungen über Bäume und andere Pflanzen soll eine positive Bemerkung stehen. Wir können sagen, dass Pflanzen die wenig gewürdigte Rolle haben, uns an eine wichtige Tatsache der Evolution zu erinnern: *Leben* und *komplexe Lebewesen* tauchten in der Evolution auf, bevor es *Nervensysteme, Geist, Gefühle* und *Bewusstsein* gab. Für diese außergewöhnliche historische Reihenfolge liefern Bäume und andere Pflanzen einen wertvollen, übermächtigen Beleg. Es gab eben Zwischenstufen zwischen den Anfängen des Lebens und dem Leben, das wir heute vorfinden.

Protozellen		4 Milliarden Jahre
Erste Zellen ohne Zellkern (Bakterien und andere Prokaryonten)		3,8 Milliarden Jahre
Fotosynthese		3,5 Milliarden Jahre
Erste Zellen mit Zellkern (Eukaryonten)		2 Milliarden Jahre
Erste vielzellige Organismen		700-600 Millionen Jahre
Erste Nervenzellen		500 Millionen Jahre
Pflanzen		500 Millionen Jahre
Fische		500 Millionen Jahre
Säugetiere		200 Millionen Jahre
Primaten	Homöostatische	75 Millionen Jahre
Vögel	Gefühle/Subjektivität/	60 Millionen Jahre
Hominiden	Bewusstsein	14–12 Millionen Jahre
Homo sapiens		300.000 Jahre

Das ungefähre Alter verschiedener Lebensformen.
Homöostatische Gefühle, Subjektivität und Bewusstsein gibt es vermutlich seit rund 500 Millionen Jahren.

Kapitel 20

Haben Bakterien ein Bewusstsein?

Nachdem wir jetzt wissen, dass ich Bäumen und anderen Pflanzen keine mentalen – und erst recht keine bewussten – Privilegien zugestehe, kann man sich leicht vorstellen, was ich von dem Gedanken an ein Bewusstsein bei Bakterien halte. Bakterien sind sehr klein, aber ein großartiges Beispiel für die Wirkung der Natürlichen Intelligenz. Leider wurde auch ihre Form der Intelligenz als »kognitiv« und/oder »mental« bezeichnet; hier muss ich besonders sorgfältig klarmachen, was solche Begriffe besagen.

Ich habe kein Problem damit, das Verhalten von Bakterien, die unter vielerlei Umständen so tätig sind, dass es der Fortsetzung ihres Lebens dient, als »intelligent« zu bezeichnen. Ich kann auch – allerdings ein wenig widerwillig – akzeptieren, dass man solche Verhaltensweisen »kognitiv« nennt, denn in einem sehr weit gefassten Sinn haben die dahinterstehenden Tätigkeiten eine Beziehung zu einem »Wissensschatz«. Dieses Wissen wird deutlich, wenn beispielsweise ein Teil des Bakterienorganismus Signale bemerkt, die darauf hindeuten, dass ein anderer Teil des Organismus in Problemen steckt und versagt; und wenn im Anschluss eine angemessene Reaktion ausgelöst wird, die aus einem Repertoire möglicher »gespeicherter« Reaktionen abgerufen wird und dazu dienen soll, ein günstiges Ergebnis zu erzielen und die Sache zu retten. Aus der Sicht des Lebens eines Organismus ist dies zweifellos »intelligentes« Verhalten, und in einem weit gefassten Sinn ist es aus dem Grund, den ich zuvor erwähnt habe, auch »kognitiv«. Um uns über die Grenzen dieser Begriffe klar zu werden, müssen wir aber folgende Tatsachen analysieren: Wenn ein Bakterium aus einem vorhandenen Repertoire eine »gute Reaktion« auswählt, geschieht dies *verdeckt*, *automatisch* und *blind*. Was bedeuten diese Kennzeichnungen? Sie heißen beispielsweise, dass die Auswahl nicht von einem »wissenden« und »bewussten« Gebilde getroffen wird; sie bedeuten, dass es kein »offen dargelegtes Repertoire« gibt, keine »bildliche Darstellung« und keine Darstellung der Alternativen, aus denen ein geheimnisvolles »bewusstes Gebilde« eine gute Reaktion im Gegensatz zu einer schlechten ausgewählt hat. Insbesondere bedeuten sie, dass es in Abwesenheit eines Nervensystems keine »darstellbare« Auswahl gibt, keine »mental-artige«, »bildhafte« Gruppe von Repräsentationen, aus denen die gute Reaktion ausgewählt werden könnte. In dem ganzen Ablauf gibt es keinen *Geist* und keinen *mentalen Prozess*. Auch hier ist es akzeptabel, den gesamten Prozess als »intelligent« oder sogar »kognitiv« zu bezeichnen, aber der Begriff »mental« geht zu weit und stiftet nur Verwirrung.

Den beschriebenen Prozessen muss man also einen *mentalen Aspekt* absprechen, aber noch wichtiger ist vielleicht, dass man keinem davon ein *Bewusstsein* zugesteht. Der Grund: Wie bereits erwähnt, repräsentiert das Bakterium nicht offen die möglichen Reaktionen als *gut oder schlecht*, oder als *besser oder schlechter für den jeweiligen Organismus*. Insbesondere werden die Reaktionen *nicht gefühlt* und *nicht erlebt*. Der ganze Prozess läuft verdeckt ab, das heißt, er ist *vor der Form einer Betrachtung, die ein Geist unseres Typs möglich machen würde, vollkommen verborgen*. Hinter dem komplizierten Prozess steht kein »Subjekt«. Der Prozess ist *nicht-mental, nicht-bewusst und nicht-subjektiv.* Er wird durch die Umstände gesteuert.

Zusammenfassend kann man sagen: Der Regulationsprozess, der im Bakterium abläuft, ist ganz buchstäblich vor dem Blick verborgen, den ein herkömmlicher, richtiger Geistesprozess auf ihn gerichtet hätte. Die physiologischen Eigenschaften, die eine Möglichkeit von Geist und Bewusstsein eröffnen, sind nicht vorhanden. Dennoch können wir zugestehen, dass es ein schlauer Prozess ist in dem Sinn, dass er verdeckt nützliche Hinweise auf das bezieht, was angebracht oder nicht angebracht ist, und so das Leben eines kleinen Organismus unterstützt, das heißt, er erhält das Bakterium einige Stunden länger am Leben.

Diese Diskussion ist von entscheidender Bedeutung, deshalb müssen wir uns darüber im Klaren sein, was wir erklären wollen. Wir möchten verstehen, welche Mechanismen hinter *komplexen, bewussten geistigen Abläufen* wie unseren eigenen stehen. Um solche Kenntnisse zu gewinnen, müssen wir bei den mutmaßlichen Vorläufern solcher Fähigkeiten suchen, denn sie sind im Laufe der Evolution allmählich bei den zahlreichen Arten, die uns vorausgegangen sind, entstanden. Natürlich haben alle derartigen Prozesse, ob einfach oder weniger einfach, mit dem zu tun, was Leben überhaupt ist, und mit seiner Regulation. Sie haben buchstäblich mit den Prozessen zu tun, die Darwin, Schrödinger, Watson und Crick für uns aufgeklärt haben. Mentale und am Ende bewusste Abläufe gehen aber in der biologischen Geschichte, die diese ehrenwerten Herren enthüllt haben, noch einige Schritte weiter.

Wenn wir betrachten, was für homöostatische Gefühle wir selbst besitzen, sehen wir eine komplexe Ansammlung von Signalen, die ihren Ursprung in den verschiedensten Abschnitten eines lebenden Körpers haben und auf interozeptiven Leitungsbahnen transportiert werden. Wohin wandern sie, um sich zusammenzufinden und zur Schau zu stellen? Die Antwort: in die Zentren des Hirnstammes und letztlich in die Inselrinde des Großhirns. Viele Zeitalter der Evolution waren notwendig, um den Mechanismus der homöostatischen Gefühle aufzubauen, die letztlich dem übrigen Geist die spontan bewussten Warnnachrichten überbringen, die ihrerseits diesem Geist die Gelegenheit verschaffen, auf die in den Nachrichten enthaltenen Warnungen zu reagieren.

Wir Menschen können solche raffinierten Signale beherzigen oder uns entschließen, sie zu ignorieren. In unserer Freiheit, zu entscheiden, *ob* und *wann* wir reagieren, liegt sicher ein Vorteil. Bakterien dagegen haben diese Freiheit nicht. Soweit ich erkennen kann, tun sie das, was ihre schlauen, aber einfachen und homöostatisch gelenkten Membranen ihnen sagen. Solche Membranen haben keinen entscheidungsfähigen, bewussten Geist, sondern sie bestehen aus einfachen Vorrichtungen, die notwendig sind, damit das Leben des Bakteriums weitergeht. Kurz gesagt, brauchte die Natur den Spielraum und die Zeit der Evolution, um *das Bewusstsein zusammenzubrauen* – das heißt, ein Mittel zusammenzustellen, um *wissend* im Interesse des eigenen Organismus zu handeln, damit das Leben weitergehen kann. Als die Bakterien erfunden wurden, war die Natur erst so weit, dass sie das Leben mit einer Art Autopilot laufen lassen konnte, ohne dass es selbst oder irgendein anderer Organismus es wusste. Das Bewusstsein stand noch nicht am Horizont.

Kapitel 21

Gesellschaftliche Phänomene aus Sicht der Homöostase

I

Gesellschaftliche, wirtschaftliche, politische und religiöse Angelegenheiten lassen sich nicht im Geringsten von der Realität der homöostatischen Regulation trennen. Im Gegenteil: Bei solchen öffentlichen Angelegenheiten geht es durch und durch um die notwendigen Bedingungen, durch die einzelne Menschen ihr Leben behalten können. Auf den ersten Blick ist das in der Regel nicht zu erkennen, und die Gründe dafür, warum ein Schleier diese wichtige Tatsache verbirgt, verdienen unsere Aufmerksamkeit. Um es ganz kurz zu sagen: Welche Stellung Menschen in einer Gesellschaft innehaben, welche Bezahlung diese Menschen für ihre Arbeit erhalten, welche Tatsachen zum Leitfaden für ihre politischen Neigungen werden und zu welchem Glauben sie sich bekennen – alle diese Dinge ziehen die ganze Aufmerksamkeit auf sich und sind die Triebkräfte der meisten Narrative darüber, was Menschen sind und was sie im Verhältnis zu dem Universum um sie herum anstreben. Die Kämpfe, die Menschen in ihrem Alltag ausfechten und gewinnen müssen, sind Gegenstand einer umfangreichen Berichterstattung und haben sie auch verdient. Aber unter dem Mantel der gesellschaftlichen, wirtschaftlichen, politischen und religiösen Angelegenheiten liegt der eigentliche Lebensprozess der kämpfenden einzelnen Menschen mit seinen strengen Anforderungen – die Luft, die in die Lunge und hinaus strömen muss, Temperatur und Zustand dieser Luft, das Blut, das durch den Körper gepumpt werden muss, der Hunger, der Durst, die Infektionen, die es zu bekämpfen gilt, ganz zu schweigen vom Fortpflanzungsdrang und den damit zusammenhängenden Plänen. Diese biologische Realität mindert in keiner Weise die Bedeutung der gesellschaftlichen Phänomene als solche, und ebenso vermindert sich nicht die Notwendigkeit, sie zu erforschen, was natürlich die Domäne von Sozial-, Wirtschafts- und Politikwissenschaft ist. Aber Ausmaß und Komplexität des wimmelnden biologischen Universums, das die Gesellschaften der Menschen unterfüttert, sind wahrhaft erstaunlich. Sie zwingen uns zu der Erkenntnis, dass die Homöostase mit ihren Anforderungen und Funktionsregeln eine ruhig-heitere Schattenmacht ist, die hinter den sozioökonomischen, politischen und religiösen Prozessen, in die unser Leben eingebettet ist, die Fäden zieht.

In meinen Augen ähneln die Organisationsstrukturen von Gesellschaften irgendwie vergrößerten Fortsätzen des großen Projekts der homöostatischen Regulation, Fortsätzen der Organe, Systeme und Prozesse, die Teil der Physiologie einzelner Lebewesen wie wir sind. Deutlich wird dies, wenn wir grundlegende gesellschaftliche Abläufe im Einzelnen betrachten, beispielsweise die Produktion, Kommerzialisierung und Vermarktung im Zusammenhang mit Essen und Trinken, die jeweilige Wirtschaftspolitik oder die gezielten politischen und juristischen Folgerungen, die sich mit solchen Tätigkeiten verbinden.

In ihrer täglichen Praxis hat die Geschichtsforschung solche gesellschaftlichen Phänomene von dem Thema des Lebens und der Homöostase abgekoppelt und für die Anerkennung der Trennung gesorgt. Die biologische Realität untergräbt aber solche Versuche und macht sich früher oder später bemerkbar. Wir müssen berücksichtigen, dass das Leben der Gesellschaften selbst aus vielen einzelnen Leben aufgebaut ist.

Eines sollte man festhalten: Um den gesellschaftlichen Phänomenen eine Chance auf Unabhängigkeit von Leben und Homöostase zu geben, habe ich Medizin oder Gesundheitsversorgung noch nicht einmal erwähnt! Fair ist fair.

II

Spielen religiöse Erlebnisse eine Rolle für die Regulation des Lebens? Besteht ein Zusammenhang zwischen der Homöostase und den mentalen Zuständen, die wir als spirituell bezeichnen? In erster Annäherung ist die Antwort auf diese Frage ein entschiedenes Ja. Diese Überzeugung kann ich erklären, indem ich die Folgen unterschiedlicher religiöser Erlebnisse beschreibe und auch indem ich Vermutungen über die Grundlagen religiöser Ideen und Praktiken anstelle.

Ein Motiv für die Entstehung religiöser Impulse war nach meiner Ansicht ein rational begründeter Versuch, (a) für die eng gefasste, egoistische Hauptbeschäftigung der Menschen mit einer effizienten Steuerung des eigenen persönlichen Lebens und (b) für die Neigung, dieser Hauptbeschäftigung einen höheren Wert beizumessen als allem anderen, einen Ausgleich zu schaffen. Nach meiner Vermutung hat der religiöse Impuls außerdem seine Wurzeln letztlich in einem homöostatischen Prozess, in dem bestimmte Ideen und Verhaltensweisen – die Fürsorge für das Selbst anderer statt nur für das eigene Ich –

die Homöostase der jeweiligen Personen verfeinern und verbessern und ihnen damit greifbare Belohnungen verschaffen. Kurz gesagt, verbesserte sich unsere *individuelle Homöostase* als Belohnung für *eine Reihe von Verhaltensweisen, die dazu dienen sollten, die Homöostase anderer zu stärken.*

Die Entwicklung von Denkschulen und Gesellschaftssystemen, deren Einstellungen wir als freundlich und hilfsbereit bei gleichzeitiger Hintanstellung kurzfristiger persönlicher Vorteile bezeichnen können, ist ein Beispiel für die unmittelbare Anwendung der Natürlichen Intelligenz im gesellschaftlichen Bereich.

Die beschriebene Errungenschaft steht möglicherweise im Zusammenhang mit der Entstehung religiöser Systeme und Lehren, denn diese bezogen ihre Anregung in ihrer Mehrzahl auf diese oder jene Weise aus Erlebnissen, die letztlich das Wohlergehen ihrer disziplinierten, konsequenten, bescheidenen Anhänger verbesserten. Während herkömmliche mentale Abläufe den Fokus verengten und die kognitive Breite verminderten, gewann der *affektive* Bestandteil des Prozesses an mentalem Gelände, und *spirituelle* Erlebnisse stellten sich ein.

In Religionen, die der Meditation einen hohen Stellenwert einräumen, machen die herkömmlichen mentalen Prozesse tatsächlich Zuständen eines tiefgreifenden Wohlbefindens Platz, das sich in einer Mischung aus persönlichem Glück und Nächstenliebe mit dem Wohl des Universums und seiner Bewohner beschäftigt. Solche Zustände beschreibt man vielleicht am besten mit dem Wort *numinos*, das auch gut mit dem Begriff *satori* (»erleuchtet«) übereinstimmt. Erleuchtete Zustände sind Beispiele für ein reines homöostatisches Gefühl, wobei wahrnehmende, reflexive und linguistische Repräsentationen nahezu vollständig aus dem Geist verschwinden. Mit diesem Verschwinden der herkömmlichen Geistesprozesse wächst an ihrer Stelle eine ungeheure, überschwängliche Welle der Gefühligkeit, und die gilt als höchst erfolgreicher Weg zur individuellen Homöostase.

Kapitel 22

Künstliche Intelligenz

I

Bei dem Versuch, die unaufhaltsame Welle der KI zu analysieren und zu erklären, wird häufig die Tatsache übersehen, dass sie von der Natürlichen Intelligenz erfunden wurde. Diese Tatsache sollten wir aber im Kopf behalten, wenn wir zu erklären versuchen, wie die beiden »Arten« der Intelligenz, die Natürliche und die Künstliche, zusammenhängen und sich unterscheiden.

Natürliche Intelligenz ist die Erklärung für die erstaunlichen Fähigkeiten, die hinter unserer homöostatischen Regulation stehen, hinter den Gefühlen und dem Bewusstsein, die der Homöostase dienen, und hinter den Fähigkeiten von Wahrnehmung, Reflexion, Sprache und Integration sowie der erstaunlichen Kreativität, die uns Menschen zur Verfügung stehen. Was wir Menschen sind und tun, ist im Wesentlichen in den Zeitaltern der biologischen und kulturellen Evolution aus der Natürlichen Intelligenz erwachsen. Was die KI angeht, so ist sie nicht nur eine der faszinierendsten Schöpfungen der Natürlichen Intelligenz, sondern sie ist zum Guten wie zum Schlechten auch zu einem ihrer bedeutsamsten Produkte geworden.

Die Geschichte der KI begann als Filmproduktion von Cecil B. DeMille und wuchs unkontrolliert und unbeschränkt heran, bis sie zu einem Aspekt unseres Alltagslebens wurde; sie steckt in vielen unserer Tätigkeiten und immer häufiger auch in vielen Gegenständen und Vorgehensweisen, mit denen wir in Kontakt kommen und die nahezu alle Aspekte unseres Privat- und Berufslebens beherrschen. Wenn es einen Grund gibt, sich wegen dieser eindeutigen, ständigen Gegenwart keine Sorgen zu machen, dann den, dass die KI unseren Gehirnwindungen entsprungen ist. Leider haben wir aber auch gute Gründe, besorgt zu sein: Das hat weniger mit den Methoden und Gerätschaften der KI selbst zu tun als vielmehr mit der Tatsache, dass sie bis heute menschliche Akteure als Aufseher braucht. Es gibt schlechte Menschen, und unter Anleitung schlechter Menschen können KI-Geräte entsetzlich schlecht sein. Geoffrey Hinton, einer der genialen Erfinder der KI, kann sich nicht vorstellen, wie man »die schlechten Akteure daran hindern soll, KI für schlechte Dinge zu missbrauchen«[5] – und er sollte es schließlich wissen. Außerdem – und das ist nicht weniger beunruhigend – verdanken manche KI-Geräte, die keine Aufsicht durch Menschen mehr brauchen, ihre relative Autonomie einer Vielzahl schlechter menschlicher Lehrer. Beunruhigender ist schließlich auch, dass scheinbar nette, anständige KI-Geräte von ihren scheinbar neutralen Absichten abweichen und sich gegen diejenigen wenden können, die sie erschaffen haben oder besitzen.

Besteht inmitten dieses zur Horrorkomödie gewordenen monumentalen Schauspiels noch Hoffnung? Das hoffe ich, aber ich möchte niemanden in die Irre führen, indem ich eine rosige Zukunft ausmale. Wir stehen nur dann vor einer schönen Zukunft, wenn wir einen klaren Blick auf die Gegenwart richten und in der Frage, wie KI und ihre Unterstützungssysteme funktionieren, jetzt und möglicherweise in den vor uns liegenden Jahren standfest bleiben.

Um zu einer klaren Sichtweise zu gelangen, ist es wichtig, dass wir uns daran erinnern, welche entscheidende Abgrenzung vor uns liegt: *Der biologische Geist ist nicht künstlich, sondern natürlich*; sein entscheidendes, definierendes Merkmal hat mit seiner Daseinsberechtigung zu tun. Der biologische Geist hat sich innerhalb komplexer Organismen entwickelt und wurde in der Evolution beibehalten, weil er sehr effizient einem äußerst wichtigen Zweck dient: *Er unterstützte den Lebensprozess des jeweiligen Organismus, und nachdem er durch Bewusstsein angereichert wurde, machte er die Fortsetzung dieses Lebens möglich.* Dagegen *muss sich ein künstlicher Geist nicht um sein Leben kümmern, denn er hat keines. Er hat nichts zu verlieren, weil er nichts besitzt.*

Sieht man von bösen Akteuren einmal ab, ist KI eine ständig wachsende Ansammlung von Geräten, die von Menschen mit ihrer Natürlichen Intelligenz erfunden wurden und Menschen gute Dienste leisten können – sie beschleunigen die Erledigung von Aufgaben, senken die Kosten für zahlreiche Projekte und unterhalten diejenigen, die, was die Quellen ihrer Unterhaltung angeht, keine Snobs sind. Wie bereits erwähnt, besteht aber keine Gewähr dafür, dass KI-Werkzeuge gefügige Diener in der Hand ihrer menschlichen Eigentümer bleiben werden. Die Möglichkeit, dass sie – und sei es auch nur für kurze Zeit – die Unabhängigkeit erlangen, ist sicher ein Anlass zur Sorge. Aber wie sehr? Das hängt von der Konstruktion des Geräts, seiner normalen Funktion und Reichweite ab, aber auch davon, wer das Risiko einschätzen soll.

II

Ein Weg, um möglicherweise eine potenziell gefährliche Selbstständigkeit von KI-Geräten zu verhindern, erwächst aus dem Gedanken, sie mit Eigenschaften auszustatten, die für echtes Leben im Gegensatz zum künstlichen von zentraler Bedeutung sind. Damit meine ich die *Verletzlichkeit*, die ein definierendes Merkmal echten Lebens ist und ihren kraftvollen Ausdruck in den homöostatischen Gefühlen aller natürlichen, mit einem Nervensystem ausgestatteten Lebewesen findet. Eine einmal vorhandene Verletzlichkeit könnte für das KI-Gerät zu einer Quelle des »Selbstinteresses« werden. Sie würde eine Form der künstlichen Vorsicht begünstigen, die riskante Verhaltensweisen auf ganz ähnliche Weise verhindert wie die natürliche Verletzlichkeit, die bei uns Menschen die Entwicklung von Moralsystemen und Gerechtigkeit vorangetrieben hat. Das ist zweifellos eine reizvolle Idee, und man kann mit guten Gründen wertvolle Ergebnisse erwarten. Ein solches Vorhaben würde verlangen, dass man bei KI-Geräten Eigenschaften und Funktionsweisen einführt, die denen der biologischen Vorrichtungen hinter dem *Fühlenden Geist* ähneln. Statt der schnellen *digitalen* Prozesse, die das Kennzeichen der derzeitigen KI sind, würden sie *analoge* Prozesse beinhalten ähnlich denen, die wir im autonomen Nervensystem finden. Die Zukunft solcher Entwicklungen ist faszinierend, aber derzeit stehen wir mit dieser Forschungsrichtung buchstäblich noch ganz am Anfang.[6]

III

Die neuesten Nachrichten aus der Welt der KI betreffen meist ChatGPT, ein Werkzeug, das anfangs von OpenAI entwickelt wurde und mittlerweile in mehreren aktualisierten Versionen auf dem Markt ist, außerdem Konkurrenten wie Claude und DeepSeek. Angetrieben werden sie von sogenannten LLMs – die Abkürzung steht für *Large Language Models* (»große Sprachmodelle«) –, und sie leisten wirklich Erstaunliches.

ChatGPT ist das Ergebnis, nachdem alle möglichen im Internet verfügbaren geschriebenen Texte aufgenommen wurden und weiter aufgenommen werden, darunter ganze Romane, Briefe, wissenschaftliche und technische Berichte, Unterhaltungen, was man auch immer will; insgesamt waren es über 300 Milliarden Wörter mit weiter zunehmender Tendenz, die in vollkommen folgerichtige Sätze, wie sie im Internet verfügbar sind, eingebaut wurden. Da spielte es keine Rolle, dass die Autoren und Autorinnen der geschriebenen Werke nicht um Erlaubnis für eine solche Nutzung gefragt wurden und auch keine Tantiemen erhielten.

Kurz gesagt, wurden die LLModels mit diesem gewaltigen literarischen Schatz trainiert. Wenn wir ChatGPT heute bitten, einen Text zu erzeugen oder eine Antwort auf eine Frage zu einem bestimmten Thema zu geben, das in einer derart astronomischen Zahl von Originalquellen schon einmal irgendwo vorkam, wird es einen eigenen »neuen Text« erzeugen, und dieser entspricht mehr oder weniger genau den Tatsachen und Beurteilungen, die in den ursprünglichen Quellen beschrieben und erörtert wurden. Diese magische Alchemie ist die Folge, weil Umwandlungsalgorithmen auf die ursprünglichen Texte angewandt wurden. Das Ganze ähnelt interessanterweise in mehrfacher Hinsicht dem, was wir Menschen selbst in unserem Gehirn, in den Sprach- und Gedächtnisarealen unserer Gehirnhälften, tun: Diese enthalten 1. die gespeicherten Tatsachen, Bedeutungen und Wörter, mit denen wir in Berührung gekommen sind und die wir im Lauf unserer Lebenserfahrung gelernt haben, aber auch 2. unsere natürlichen »Umwandlungsalgorithmen«, mit denen wir Sätze zusammenstellen, die den in 1. angesammelten Tatsachen und Narrativen entsprechen.

Wenn wir nach einem bestimmten Thema gefragt werden, bedienen wir uns ebenfalls »neuronaler Computerprogramme« und erzeugen damit eine Geschichte, zu der (a) das Umfeld, (b) die Ereignisse, (c) die handelnden Personen und (d) einige mögliche Ergebnisse gehören, die im Zusammenhang mit der Frage stehen. Man kann es auch anders ausdrücken und sagen: Wenn wir Menschen nach einem bestimmten Thema gefragt werden, bemühen wir unsere Fantasie und denken uns eine Geschichte aus. Das geschieht ständig, solange wir wach sind und ins Geschichtenerzählen abgleiten, und auch dann, wenn wir schlafen und träumen – wenn wir träumen, erschaffen wir allerdings in der Regel bizarre Situationen und Protagonisten, wobei das Spektrum vom Komischen bis zum Erschreckenden reicht. Letztlich haben demnach LLM-Geräte die typischen Themen *nachgeäfft* – die Charaktere, die Situationen und – am wichtigsten – die Beziehungen, die wie unter Menschen durch (a) syntaktische Strukturen, (b) grammatikalisch richtige Wörter und (c) den Aufbau von Sätzen und Absätzen gekennzeichnet sind. Interessanterweise bleibt also der Vorrang der Natürlichen Intelligenz und ihrer Produkte auch tief im Kern der am höchsten gelobten KI-Werkzeuge intakt. Bemerkenswert ist aber auch, dass die ChatGPT-Instrumente nicht *genau* die gleichen Verfahren verwenden wie wir, um ihre Ergebnisse zu erzielen. Nach meiner Ansicht erzeugen die in den LLMs verwendeten Unwandler eine gewisse Entsprechung zu dem, was unsere natürlichen Hilfsmittel hervorbringen, und doch sind manche Vorgehensweisen zumindest teilweise anders. Diese Vorgehensweisen sind originell und erstaunlich schlau, selbst wenn ihre Ziele durch das inspiriert sind, was wir Menschen schon seit allen Zeiten tun. Damit kein Missverständnis aufkommt: LLModels sind eine außerordentliche technische Leistung. Ich halte sie bisher für die spektakulärste Errungenschaft der KI.

Vielleicht das größte Problem, vor dem wir mit den LLM-Tools stehen, besteht darin, dass sie allmählich behandelt werden, als wären sie Menschen – und das sind sie eindeutig nicht. Sie basieren auf Informationen, die sie von Menschen – guten und schlechten Menschen – übernommen haben, aber sie selbst besitzen keinen moralischen Kompass, der ihnen sagen könnte, dass sie sich an die guten Beispiele unter den Menschen und nicht an die schlechten halten sollen. Kurz gesagt, sind sie keine Menschen, und sie sind nicht zwangsläufig ethisch oder unethisch. Vorerst dienen sie den Launen des Zufalls. Sie können nett und gesetzestreu wirken oder aber zu Beispielen für die entsetzliche dunkle Triade werden: machiavellistisch, narzisstisch und psychopathisch.[7]

Für manche Benutzer sieht es so aus, als hätte ChatGPT Gefühle und ein Bewusstsein, aber solche »Gefühle« und ein solches »Bewusstsein« sind genau das: nicht Realität, sondern Schein. Ein solcher »Schein« lässt mich aber an eine bemerkenswerte Möglichkeit denken: Während komplexe biologische Arten für die Evolution biologischer Vorrichtungen zur Lebenssteuerung *ganze Erdzeitalter* brauchten und während *weitere Erdzeitalter* notwendig waren, um eine solche homöostatische Regulation in die intellektuellen und kreativen Fähigkeiten zu verwandeln, die wir Menschen heute besitzen, hat ChatGPT praktisch alle diese Schritte der biologischen Evolution ausgelassen, ist direkt zu seinen derzeitigen intellektuellen Möglichkeiten gesprungen und tatsächlich unversehrt gelandet!

ChatGPT erbringt seine eindrucksvollen Leistungen ohne homöostatische Gefühle oder das daraus erwachsende Bewusstsein. Es arbeitet kompetent *allein mit dem Intellekt.* Man kann den Gedanken auch anders formulieren: Es ist ausschließlich *digital* und kommt ohne *analoge* Bestandteile aus. ChatGPT verfügt über so viel Wissen und über Wege, um dieses Wissen zu handhaben, dass es keinen Bedarf für altmodische »Trittsteine« wie Gefühle und Bewusstsein braucht. Schließlich muss es kein Leben bewältigen und sich darum Sorgen machen.

Die Familie der LLM-Instrumente hatte herausragenden Erfolg. Auf einem eleganten Abendessen, bei dem auch einige prominente Anwälte anwesend waren, erfuhr ich vor Kurzem, dass sie jetzt ChatGPT *jeden Tag* in ihren Büros einsetzen, und zwar zumindest zur Unterstützung bei ihren Recherchen, aber auch zum Erstellen von Entwürfen der Briefe, die sie an ihre Mandanten schreiben. Angesichts der Tatsache, dass ChatGPT sich etwas zusammendichten kann, ist so etwas ein wenig beängstigend, aber die Welt steht bereits am Abgrund, warum also soll man sich beunruhigen. Amüsanter sind die Briefe, in denen junge Forschende sich bei mir zu bestimmten Themen erkundigen. Sie beginnen heute häufig mit einem neuen Einleitungssatz: »*ChatGPT hat mir geraten, mich an Sie zu wenden und die folgende Frage zu stellen.*« Kurz gesagt, richten sich Studierende und Wissenschaftlerkollegen nach den Ratschlägen von

ChatGPT! Es ist ganz eindeutig: Die Zeiten ändern sich, und wir können den Wandel ebenso gut hinnehmen – in welchem Umfang, kann ich mir allerdings noch nicht genau ausmalen.

KI-Experten und -Unternehmer propagieren häufig gut gelaunt die Idee, eine allgemeine Künstliche Intelligenz (*Artificial General Intelligence,* AGI) werde »alles hervorbringen, was auch das menschliche Gehirn hervorbringen kann«. Derart ohne Einschränkungen formuliert, halte ich den Gedanken für falsch und irreführend. Wie wir bereits erörtert haben, werden nämlich die meisten kreativen, hoch entwickelten Prozesse im menschlichen Geist *nicht* vom Gehirn allein hervorgebracht, sondern durch eine *Partnerschaft aus Gehirn und nichtneuronalen Strukturen im Körper.* Leben und die Notwendigkeit, es innerhalb eines Körpers zu regulieren, waren in der Evolution der Grund dafür, dass Gehirne überhaupt entstanden sind. Ein Gehirn allein kann keine Gefühle erzeugen, denn *die Inhalte der Gefühle werden durch die Lebensprozesse im Körper eines biologischen Organismus hervorgebracht.* Außerdem stützt sich die Behauptung, allein im Gehirn liege der Schlüssel zu mentalen Prozessen, auf die Vorstellung, dass Schaltkreise von *Neuronen* allein für die Produktion dieser mentalen Prozesse verantwortlich sind. Das aber ist ein weiterer großer Fehler, denn mentale Prozesse hängen ebenso von der Physiologie des Körpers und der Tätigkeit der Gliazellen und anderer nichtneuronaler Gehirnbestandteile ab. Auf der Ebene der Texte stimmt es wahrscheinlich, dass die AGI eine Menge – wenn auch nicht zwangsläufig alles – von dem schaffen kann, was menschliche Gehirne leisten. In gewisser Weise ist das eine gute Nachricht, denn die Sonderstellung der menschlichen Kreativität bliebe damit unangetastet. Aber ein solcher kleiner Sieg sagt nichts über die Gefahren von KI-Geräten aus, die auf der Grundlage der Fähigkeiten, die sie bereits besitzen, selbstständige, unfreundliche Verhaltensweisen entwickeln. Das Böse kann sehr schlau sein, und man sollte es nicht einladen, seine Fähigkeiten zu demonstrieren.

IV

Dass jemand Natürliche und Künstliche Intelligenz verwechselt, kann man sich angesichts ihrer vollkommen unterschiedlichen Ursprünge und Funktionsweise kaum vorstellen. Sollten dennoch irgendwelche Zweifel bestehen, lassen sich die Unterschiede sicher an der *Geschwindigkeit* festmachen. Wie sich herausgestellt hat, läuft der Informationsfluss im Gehirn eines Menschen im Vergleich zu KI recht langsam ab – im Durchschnitt nur mit ungefähr zehn Bits pro Sekunde. In KI-Geräten verläuft er um Zehnerpotenzen schneller. Dennoch besteht kein Anlass, sich herabgesetzt oder gar gedemütigt zu fühlen. KI kann nicht auf die intelligenten Wunder zurückgreifen, die bei der Natürlichen Intelligenz aus der Welt des Fühlens erwachsen. Gefühle klären Dinge für uns, durchdringen den Nebel der Fakten und Details und bringen uns dem Zustand näher, in dem wir uns befinden müssen, um am Leben zu bleiben und in der Welt einen Sinn zu finden.

Kapitel 23

Ein Hoch auf Vorfahren, Zeitgenossen und Nachkommen

Der Gedanke, namhafte Vorgänger zu bewundern und zu loben, stammt nicht von mir, sondern von meinem britischen Mentor und Freund Macdonald Critchley (1900–1997). Ich folge nur seinem Beispiel.

Meine Wertschätzung für die Leistungen der Natürlichen Intelligenz und die Rätsel des Bewusstseins hat sehr alte, eindeutige Wurzeln. Mein Philosophielehrer am Liceu Passos Manuel in Lissabon sprach in seinen hervorragenden Unterrichtsstunden häufig über das Bewusstsein und damit zusammenhängende Themen. Er hieß Joel Serrão (1919–2008), und welches Glück ich mit ihm hatte, kann man einschätzen, wenn man weiß, dass ich fünf Jahre lang, im Alter von zwölf bis 17 Jahren, den Unterricht bei diesem hochintelligenten jungen Denker und Redner genießen konnte, bevor er Professor für Philosophie und Geschichte an der Universität Lissabon wurde. Abgesehen von der Biologie interessierte mich nichts anderes in meinen sieben Jahren am Liceu so brennend wie Joel Serrãos Philosophiestunden. Neben der Freude an den ständigen Übungen im Denken erinnere ich mich am lebhaftesten an den Eindruck, dass man sich den Geheimnissen des menschlichen Geistes annähern und sie vielleicht sogar lüften kann, wenn man das Leben im Allgemeinen und das Nervensystem im Besonderen eingehend studiert. Viele Jahre später machten es mir meine frühen Erlebnisse mit Joel Serrão leichter, mehr über die Philosophie des Bewusstseins zu lesen. Die Bücher von Daniel Dennett, John Searle, David Chalmers, Ned Block, Thomas Nagel oder Patricia Churchland[8] erschienen mir nicht esoterisch, sondern sehr zugänglich.

***

Einen weiteren wichtigen Meilenstein in meinem Verhältnis zu den Themen von Leben und Bewusstsein erreichte ich Jahrzehnte später, nämlich seit Beginn der 1990er-Jahre, als ich Gastprofessor am Salk Institute in La Jolla war. Damals bewunderte ich Francis Crick (1916–2004), der gerade an das Salk Institute gewechselt war, und Hanna ging es genauso. Wir hatten das Glück, dass er erpicht darauf war, mehr über die Untersuchungen zu erfahren, die Hanna und ich damals an den Auswirkungen von Gehirnschäden auf Geist und Verhalten anstellten. Damals interessierte sich Francis *ausschließlich* für das Gehirn und insbesondere für das Bewusstsein. Wir sprachen über nichts anderes, und selbst wenn wir ihm und seiner liebenswürdigen Odile (Odile Crick, 1920–2007) beim Abendessen Gesellschaft leisteten, wechselten wir das Thema – Gehirn und Bewusstsein – nicht; genauso ging es, wenn wir alle uns zu Jonas Salk (1914–1995) und Françose Gilot (1921–2023) gesellten. Das gesellschaftliche Leben wurde geschätzt und gefördert, ja, aber immer im Zusammenhang mit der Erforschung von Geist und Gehirn!

In seiner Versessenheit auf das Bewusstsein hatte Francis in Christof Koch, einem jungen Wissenschaftler am California Institute of Technology, einen engen Partner. Die beiden hatten sich entschlossen, gemeinsam einen Artikel über die

Neurowissenschaft des Bewusstseins zu schreiben. Er war der Startschuss für ein ganz neues Forschungsgebiet – die Neurowissenschaft des Bewusstseins – und erschien mit den Autoren Crick und Koch[9] in der Fachzeitschrift *Seminars in Neuroscience,* deren Redakteur ich war; amüsanterweise half ich ihnen sogar, den Text zu redigieren. Das war 1990.

Es waren spannende Zeiten, und das aus verschiedenen Gründen. Mit seiner erlesenen Architektur – der Arbeit von Louis Kahn in Zusammenarbeit mit Jonas Salk selbst – bot das Salk Institute ein einzigartiges, anregendes menschliches Umfeld, das durch die regelmäßigen gemeinsamen Teestunden, die Francis bei seinem Eintritt in das Institut ins Leben gerufen hatte, bereichert wurde. Jonas Salk, Ursula Bellugi (1931–2022), Terry Sejnowksi und mehrere andere führende Forschende schufen zusammen mit den Besuchen weiterer wissenschaftlicher Größen ein seltenes Gefühl für Möglichkeiten. Kein Rätsel der Biologie würde ungelöst bleiben – zumindest glaubten wir das. Ein Besuch von David Hubel (1926–2013), dem herausragenden Erforscher der Geheimnisse der Sehfähigkeit, war ein denkwürdiges Ereignis und stärkte die naive Zuversicht, kein Aspekt der Gehirnfunktion werde den Angriffen standhalten. Im Rückblick betrachtet jedoch lieferte die anfängliche Erforschung des Bewusstseins trotz ihres Wagemuts und ihrer allgemeinen Bekanntheit nicht die Lösung, auf die wir hofften. Francis erkannte an, dass die Erforschung des Sehsystems für die Neurowissenschaft einen ungeheuren Fortschritt bedeutet hatte, sehnte sich aber immer noch nach einem Ansatz der Bewusstseinsforschung, der an die Anstrengungen und spektakulären Ergebnisse der Erforschung der Sehfähigkeit heranreichte. Aber irgendwie stellte sich heraus, dass das Bewusstsein in Wirklichkeit aus sehr bescheidenen Anfängen erwuchs, die weniger hochfliegend, aber nicht weniger schlau waren als jene, die Francis im Kopf hatte; das war der Grund, warum sie seinem Adlerblick entgingen.

***

Crick hatte keineswegs eine ungewöhnliche Sichtweise für die Bewusstseinsforschung. Die Wissenschaft vom Bewusstsein begünstigte im Großen und Ganzen eine kognitive Sicht auf das Phänomen. Dennoch wagte es eine Reihe von Autoren, die ich sehr respektiere, abweichende Ansichten zu vertreten, und sie blieben tapfer in der Nähe der niedriger angesiedelten Affekte. Unter ihnen sind die Neurowissenschaftler A. D. Craig, Jaak Panksepp und Kent Berridge, der Psychiater Mark Solms, der Neuropsychologe Manos Tsakiris und die Philosophin Helena de Preester.[10] Im Einzelnen vertreten sie unterschiedliche Ansätze, aber uns alle eint der Respekt für die Welt der Affekte und für den Gedanken, dass die Phänomene, auf denen das Bewusstsein entscheidend basiert, ihren Ursprung nicht in der vielfach umjubelten Großhirnrinde haben, sondern im Körper und in den subkortikalen Regionen des Zentralnervensystems.

Anmerken sollte ich auch, dass einige besonders überzeugende Erkenntnisse über die neuronale Basis des Bewusstseins aus einer Reihe früherer Studien stammen, die der Zeit, in der das Bewusstsein in Mode kam, vorausgingen. Angeregt wurden diese Studien in den 1960er-Jahren von Fred Plum und Jerome Posner.[11] Die beiden erforschten die Lage von Gehirnschäden, die zu Koma, vegetativem Zustand oder Locked-in-Syndrom führen. Ihre Daten sind hieb- und stichfest, wurden bei mehreren Gelegenheiten bestätigt und stellen einen der entscheidenden Meilensteine in der Erforschung des Bewusstseins dar. Sie zeigen ohne den Schatten eines Zweifels die Gehirnteile, ohne die Bewusstsein schlicht nicht möglich ist. Unsere Forschungsgruppe an der University of Iowa hatte das Glück, viele ihrer Befunde nachvollziehen zu können und die Erklärung des Prozesses auf die Großhirnrinde selbst zu erweitern.

***

Dies ist auch der geeignete Ort, um die Kolleginnen und Kollegen zu nennen, die zur Erweiterung der Studien von Plum und Posner sowie zur Vorbereitung des vorliegenden Buches beigetragen haben. Ich beginne mit Hanna Damasio. Meine Gedanken über alles, was mit Geist und Gehirn zu tun hat, wurden stets durch ihre Kenntnisse und ihre Klugheit geprägt. Zu meiner Arbeit und diesem Buch hat sie unendlich viele Beiträge geleistet.

Kingson Man, dessen Gedanken über das Bewusstsein durch weiterreichende Kenntnisse über Künstliche Intelligenz gestärkt werden, ist eine starke, vertrauenswürdige Wissensquelle. Die Kenntnisse meiner derzeitigen Kollegen Jonas Kaplan, Assal Habibi, Anthony Vaccaro, Sahib Khalsa und Jacques Singer weiß ich dankbar zu schätzen, ebenso die früheren wissenschaftlichen Beiträge und Ratschläge von Daniel Tranel, Josef Parvizi, Gil Carvalho, Antoine Bechara und Ralph Adolphs.

Um noch einmal kurz auf das Thema der Philosophie zurückzukehren: Ich weiß die intelligente, großzügige Denkweise des spanischen Philosophen Asier Arias Dominguez[12] zu schätzen, den wir als Philosopher-in-Residence des Brain and Creativity Institute gewinnen konnten.

IV

Nachlese

Kapitel 24

Einige Anmerkungen über die Geschichte des Lebens

Dieses Buch handelt nicht vom Leben und seiner Entstehung, aber angesichts der Tatsache, dass Gefühle und Bewusstsein der Regulation des Lebens dienen, lässt sich das Thema nicht umgehen.

Wenn man die abenteuerliche Geschichte der Natürlichen Intelligenz erzählt, verdient das Auftauchen der Zellmembran einen besonderen Platz. Sie ist eine große biologische Errungenschaft. Die Membranhülle schafft mit dem *Intrazellulärraum* eine geschützte Kapsel und macht damit den Weg für die reichhaltigen chemischen Vorgänge frei, die ganz buchstäblich die Brühe des Lebens kochen. Ohne den Schutz durch irgendeine Membran hätte sich die Chemie des Lebens, wie wir sie kennen, möglicherweise oder sogar höchstwahrscheinlich nicht entwickelt. Der physikalische Begriff der Markov-Decke stimmt gut mit der Realität einer Zellmembran überein.[1] Die Decke wurde als Sack neu gestaltet, aber die Folge ist die gleiche: die Trennung von Kompartimenten/Räumen, die Schaffung eines *Innen* und eines *Außen*, einer *inneren Einhausung* und einer *äußeren Umgebung*. Ich habe mich solcher Vorstellungen bedient, als ich komplexe Lebewesen wie uns Menschen erörtert habe, aber ich sollte noch einmal daran erinnern, dass unser Körper aus einem »Inneren« besteht – mit unseren inneren Organen und dem Blut, das in Blutgefäßen in die Organe und von ihnen weg fließt –, und dieses Innere ist durch die Decke unserer Haut und verschiedene Wahrnehmungsvorrichtungen, die in der Decke an strategischen Stellen angebracht sind, streng von dem umgebenden »Äußeren« getrennt. Die beeindruckendsten derartigen Vorrichtungen sind die Augen und Ohren, zu ihnen gehören aber auch die Tastkörperchen in der Haut, die Geschmacksknospen in der Zunge und die Riechschleimhaut. Das umgebende »Äußere« ist natürlich das majestätische Universum, jener riesige Ort, an dem das Schicksal unsere lebenden Organismen untergebracht hat, der Ort, an dem sie sich bewegen, und der Ort, an dem sie interagieren müssen, damit sich das Leben fortsetzt.

Eine vielversprechendere Entwicklung für die Natürliche Intelligenz als den außergewöhnlichen Kunstgriff, Lebensformen aus unbelebter Materie herbeizuzaubern, kann man sich kaum vorstellen. Der Lebensprozess erforderte chemische Systeme, die eigenständig weit vom Gleichgewicht entfernte Bedingungen aufrechterhalten, von einer einfachen Zellumhüllung abgeschirmt sind und den Apparat der Gene zusammenstellen, die dem Leben Dauerhaftigkeit versprachen, weil sie sich von einer Generation zur nächsten weitergeben. Dank solcher Gene ist die Kontinuität des Lebens im Universum gewährleistet; unser vergänglicher Körper geht an Krankheiten oder tödlichen Wunden zugrunde, das Leben als solches aber setzt sich fort.

Die erste lebende Zelle wurde innerhalb einer schützenden Zellmembran geboren, die ein Cytoplasma umschloss, aber noch keinen Zellkern besaß. Diese Zelle war der erste Prokaryont aller Zeiten; Bakterien sind ein Musterbeispiel für die Prokaryonten – eine vorausschauende Bezeichnung, die eine bemerkenswerte Errungenschaft der Zukunft ankündigt: den Zellkern oder das *karyon.*

Nicht weniger überraschend war, wie der Zellkern zum Programm des Lebens hinzukam. Möglicherweise schluckten Zellen ganz buchstäblich andere Zellen und verzehrten sie sozusagen, achteten aber sorgfältig darauf, ihre Mahlzeit nicht zu verdauen! Die unverdauten Zellen wurden zu den lang ersehnten Kernen neuer, größerer Zellen, und die Eukaryonten wurden zu dem, was sie heute sind: *Zellen mit einem Zellkern.* Dieser als *Symbiogenese* bezeichnete Prozess war möglicherweise der Ausgangspunkt für alle oder die meisten Gewebe, aus denen die vielfältigen Organe komplizierter Organismen wie uns bestehen.

Der nobelpreisgekrönte Physiologe Albert Szent-Györgyi – der durch das Vitamin C berühmt wurde – bezeichnete das Leben in einer denkwürdigen Formulierung einmal als »nichts als Elektronen, die nach einem Ruheplatz suchen«. Natürlich brauchen Lebewesen die Elektronen, um Energie zu gewinnen und zu speichern, und nachdem sie die Energie gewonnen und gespeichert haben, müssen sie die Elektronen wieder loswerden. Organismen wie wir beziehen ihre Elektronen aus der Nahrung und beseitigen sie mit der Atmung, denn dort werden sie dem Sauerstoff angeboten. In dieser Hinsicht waren sich alle einig, bis man Bakterien entdeckte, die Mineralstoffe aus der Tiefe der Erde suchen (und nicht wie wir im Supermarkt), daraus Elektronen gewinnen und so Leben erzeugen.[2]

Die Erfindung des Lebens war ein so erstaunlicher, gelungener Streich, und der Aufschwung der Zellen mit Zellkern, der differenzierten Gewebe und der einzelnen Organe war eine so bemerkenswerte Entwicklung, dass einige angesehene Denker sich die Frage gestellt haben, ob das Leben vielleicht von Anfang an mit einem kreativen Geist und obendrein mit einem Bewusstsein ausgestattet war.[3] Man kann ihre Gedanken geradezu hören: Sie würden sagen, solche verblüffenden Entwicklungen müssten von vornherein von einem noch unerkannten Geist mit einem Bewusstsein gelenkt worden sein und nicht andersherum! Darwin selbst hatte mit solchen Überlegungen gespielt,[4] aber seine Gedanken über das Thema werden kaum einmal erwähnt und erst recht nicht diskutiert. Im Wesentlichen steckte dahinter die Idee, neben der offenkundigen physischen Gegenwart chemischer Substanzen, die an der Selbsterhaltung mitwirken, müsse es im Lebensprozess einen weniger offenkundigen Aspekt geben, den man vielleicht als »Kraft« oder »Absicht« bezeichnen kann. Dieser Prozess hätte dann den lebenden Organismus in Richtung seiner Erhaltung vorangetrieben, in Gefahrensituationen das Steuer übernommen und auch die Verbindung mit anderen Organismen begünstigt. Das Ergebnis waren Kooperation und Überleben. Eine Fehlfunktion in diesem Teil der zelleigenen Abläufe führt zum Tod der Zelle oder unter manchen faszinierenden Voraussetzungen zu einem ungebührlichen Verhalten der Zelle, die dann andere Zellen angreift – eine Wendung, die sich übrigens in Krebszellen tatsächlich abgespielt hat.

Ich hege Sympathie für den Gedanken, dass es in den Lebensprozessen verborgene Bestandteile gibt, und für solche verborgenen Kräfte haben wir sogar geeignete Namen gefunden, beispielsweise »implizit« oder »verdeckt«. In meinen Augen unterscheidet sich aber das Wesen des frühen kreativen Potenzials grundlegend von den expliziten/offenen Geistesprozessen, die in der Evolution erst später entstanden, und ebenso unterscheidet es sich von der unermesslichen Bereicherung, die später bei komplexen biologischen Arten wie der unseren, die mit einem Nervensystem ausgestattet waren, durch homöostatische Gefühle und das nachfolgende Bewusstsein hinzukamen. Kurz gesagt, glaube ich nicht, dass es schlicht nur darum geht, implizite und verdeckte Prozesse von offenen, expliziten zu unterscheiden. Entsprechend halte ich das Auftauchen des Geistes für eine charakteristische Station der Evolution, die erreicht war, lange nachdem Zellen, Gewebe und Organe ihre komplizierten Aufgaben erfüllten. Sie eröffnete die Möglichkeit, die Verwaltung des Lebensprozesses in komplexen Organismen zu verbessern, und in Kombination mit der Entwicklung der homöostatischen Gefühle eröffnete sich der Weg, das Leben in *jedem beliebigen* komplexen Organismus zu regulieren. Jetzt entwickelte sich in Organismen mit Geist, homöostatischen Gefühlen und Bewusstsein neue Fähigkeiten und Hilfsmittel, darunter ein erweitertes Gedächtnis, Vernunft, Musik und Sprachen. Und wie bereits erwähnt, gingen damit auch vielfältige Formen der gesellschaftlichen Organisation einher, die differenzierte kulturelle Prozesse hervorbrachten. Die Technologie kam wenig später, ebenso Künste und Wissenschaften.

Kapitel 25

Lebendig werden

I

Dass es das Leben in all seiner Pracht gibt, ist die offensichtliche, feierliche Ausdrucksform der Natürlichen Intelligenz. Weniger offenkundig, aber nicht weniger bedeutsam ist die Koordination des Prozesses, durch den die heute lebenden Zellen lebendig werden: Er treibt sie in Richtung ihres Fortbestandes, trägt dazu bei, sie in Situationen großer Gefahr zu lenken, und fördert die Verbindung mit ihresgleichen. Nach meiner Vorstellung hat dieser weniger offensichtliche, fast phantomhafte Prozess seine Wurzeln in Aspekten der Zellchemie, die für eine Fortsetzung des Lebens unentbehrlich sind.

Weder (a) das Leben, wie es sich in einer Zelle verkörpert, noch (b) die Kraft, die sein Auftauchen vorantreibt, summieren sich zu einem Geistesprozess im herkömmlichen Sinn des Wortes, auch wenn (b) an eine Erzeugungs*absicht* denken lässt. Dennoch sollte man nach meiner Einschätzung keinen der beiden Bestandteile des Lebensprozesses als mental oder bewusst bezeichnen, wie Reber und Baluška es vorgeschlagen haben.[5]

Um nicht unnötig Verwirrung zu stiften, sollte man den Begriff *Geist* für eine organisierte Abfolge von Bildern reservieren, die einen Gegenstand, ein Ereignis oder eine Person beschreiben. Heute wissen wir, dass diese Abfolge die Bilderzeugungsfähigkeit eines Nervensystems voraussetzt, und wir wissen auch, dass weder einzellige Organismen noch solche ohne Nervensystem in ihrem Körper die Voraussetzungen mitbringen, um Bilder und ihre Abfolge zu erzeugen und zur Schau zu stellen. Ihnen fehlt im buchstäblichen Sinn der »Raum« – damit meinen wir den Platz, der erforderlich ist, damit neuronale Strukturen *Objekte, Tätigkeiten und Qualitäten repräsentieren können*, also die Dinge, die Nervensysteme so gut erzeugen können, wenn sie über die notwendigen Strukturen und Räume verfügen.

Noch weiter liegt man daneben, wenn man mit dem Begriff des Bewusstseins grundlegende Lebensprozesse beschreibt. Bewusstsein, wie wir es uns vorstellen, setzt nicht nur ein Nervensystem und vorgeschaltete Geistesprozesse voraus, sondern ganz gezielt auch die hybriden Körper-Geist-Phänomene, die wir homöostatische Gefühle nennen. Als »hybrid« bezeichnen wir die homöostatischen Gefühle, weil sie *mentale UND körperliche Eigenschaften* gleichzeitig besitzen. Homöostatische Gefühle repräsentieren von Augenblick zu Augenblick den Zustand des Lebens in einem vielzelligen Organismus mit vielen Organen und vielen Organsystemen. Erwartungsgemäß sind die homöostatischen Gefühle komplex und auch sehr bizarr, denn ein Teil hat seinen Ursprung im Körper, ein anderer im Nervensystem. Wichtig ist dabei, dass homöostatische Gefühle von dem »Subjekt«, das zu ihrer Erschaffung beiträgt, selbst *gefühlt* werden können. Halten wir einmal inne und betrachten wir in aller Stille und aufmerksam diese außergewöhnliche Tatsache: *Homöostatische Gefühle werden von dem Subjekt gefühlt, das innerhalb des lebenden Organismus tätig wird, der für die Erzeugung eben dieser Gefühle verantwortlich ist!* Dies ist der Inbegriff eines physiologischen Kunstgriffs.

Homöostatische Gefühle lassen sich von uns, die wir die Funktionsweise von Lebewesen erforschen, *nicht* beobachten; sie sind *innere Phänomene*, wahrnehmbar nur für den Geist des einen Organismus, in dem sie angesiedelt sind. Aber auch wenn wir nicht in der Lage sind, die homöostatischen Gefühle anderer zu beobachten, können wir sie uns vorstellen, wenn wir auf vergleichbare Phänomene zurückgreifen, die wir in uns selbst erleben.

Die »Absicht« oder »Kraft« zur Fortsetzung des Lebens liegt in der Chemie jeder einzelnen Zelle und in der gemeinschaftlichen Chemie jedes Lebewesens. Anscheinend hat sie, für sich betrachtet, keine mentalen und noch viel weniger bewusste Eigenschaften. Natürlich ist an ihr auch nichts Magisches außer in dem Sinn, dass sie hervorragend dazu konstruiert ist, das zu erreichen, was die Natur sich vermutlich »gewünscht« hat: *mehr Leben*.

II

Auf meinen Spaziergängen durch unser Wohnviertel gehe ich manchmal durch die Ashton Street und komme dort an einem besonders auffälligen Baum vorüber. Natürlich lebt er, aber ein Bewusstsein hat er nicht. Er *weiß* nicht – im Sinne der Selbstrepräsentation –, dass er üppig wächst, dass er das Straßenpflaster in seiner Umgebung nach oben drückt und eine wilde, aber faszinierende Betonpyramide entstehen lässt. Und doch steckt im Leben des Baumes eine Kraft, die »ihn« zwingt, alles nach oben zu schieben, was ihm im Weg steht, die Erde ebenso wie das Betonpflaster; damit sorgt er nach und nach für eine Bewegung, vergleichbar mit der unpersönlichen Entschlossenheit, die den Baum auf dem Weg über seine Blätter atmen lässt. Eine verdeckte Absicht – aber immerhin eine Absicht – gibt es dabei durchaus, und sie weist ein wenig blind in Richtung einer ganz bestimmten Leistung, die sie nicht geplant hatte und von der sie nie etwas wissen wird. Wie sollen wir diese Absicht nennen?

Kapitel 26

Leben, Intelligenz und Geist

Als ich dieses Buch schrieb, war ich nie weit von dem angenehmen Gedanken entfernt, eine glaubwürdige Erklärung dafür zu finden, warum und wie mentale Phänomene die Eigenschaft des Bewusstseins gewinnen, aber ich beschäftigte mich nicht mit den Ursprüngen und der Entstehung der mentalen Phänomene selbst. Mit anderen Worten: Ich vertiefte mich nicht in den Prozess, das innere, scheinbar dreidimensionale Multimediaschauspiel zu schaffen, das unseren Geist ausmacht, bevor diesem Schauspiel das Privileg des Bewusstseins zugestanden wird.

I. Weder der Geist noch geistige Fähigkeiten sind immateriell

Lange waren die Vorstellungen von Geist und Mentalem mit dem Gedanken des »Immateriellen« verknüpft. In meinen Augen ist diese einflussreiche Verbindung die Folge einer falschen Vorstellung. Ihren Ursprung hat sie vermutlich in der Tatsache, dass uns mentale Vorgänge in der Introspektion als substanzlose, luftige, flüchtige Gebilde erscheinen, denen eine offenkundige physische Struktur fehlt. In dieser Frage lautet die übliche Gleichung so: mental und Geist = immateriell. Diese hergebrachte Gleichung halte ich aber für falsch.

In erster Annäherung scheinen mentale oder geistige Vorgänge immateriell zu sein, ein wenig wie Gespenster, Visionen und Klänge, die aus dem Nichts auftauchen. Aber auch wenn mentale Vorgänge sich nicht als offenkundig körperliche Konstruktionen einstellen, bleibt die Tatsache, dass sie es zumindest im Kern sind. Sie erwachsen mit Sicherheit aus Aktivitäten in sehr körperlichen Neuronen und Neuronenschaltkreisen, die in sehr körperlichen Gehirnarealen liegen, die ihrerseits Teil eines sehr körperlichen Körpers sind. Mentales mag auf den ersten Blick nicht körperlich erscheinen, aber die Voraussetzungen für seine Entstehung sind es sicherlich.

Dass geistige Prozesse etwas Körperliches sind, zog man erst dann in Betracht, als die neurophysiologische Forschung gezeigt hatte, dass mentale Abläufe von körperlichen Neuronen erzeugt werden, die im körperlichen Gehirn eines körperlichen Organismus angesiedelt sind. Solange die Biologie nicht aufgedeckt hatte, welche Wunder das Nervensystem in einem Körper vollbringen kann, war die Vorstellung von der mentalen/immateriellen Natur geistiger Abläufe eine haltbare Interpretation der Realität, aber die Annahme, mentale Prozesse seien immateriell, ist problematisch. Dennoch ist die Behauptung, ein Geist könne nicht auf einem körperlichen, biologischen Nährboden entstehen, nicht verschwunden; sie wurde durch die herkömmliche Sichtweise für das »schwierige Problem« des Geistes davor bewahrt, in Vergessenheit zu geraten. Nach der Vorstellung vom »schwierigen Problem«[6] ist eine unerklärliche Magie erforderlich, damit physische Strukturen mentale Ereignisse erzeugen können. Auf den ersten Blick mag eine solche Sichtweise vernünftig erscheinen, aber nach meiner Überzeugung ist sie es in Wirklichkeit nicht, und das schwierige Problem zu lösen ist nicht so schwierig, wie es angeblich scheint. Die Lösung hängt natürlich davon ab, was man sich unter dem Begriff »mental« vorstellt. Betrachten wir einmal die folgenden Tatsachen.

Das Gehirn kann Bildmuster erzeugen, die aus körperlichen Quellen wie Sehen, Hören und Tasten stammen. Die Bildmuster entstehen durch physische Kartierung physischer Sinnessignale, die aufgenommen, verarbeitet und auf einer Art Leinwänden aus ebenso körperlichen Neuronen dargestellt werden. Die empfangenden Neuronennetzwerke liegen zunächst in den Augen und anderen Sinnesorganen – in den erstaunlichen Kartierungsstrukturen, die wir Netzhaut nennen – und in funktionell vergleichbaren neuronalen Strukturen im Innenohr sowie in mehreren Arealen des Zentralnervensystems, die für Berührung, Geschmack und Geruch verantwortlich sind. In der Folge werden die aufgezeichneten Karten topografisch originalgetreu an dafür vorgesehene Areale der Großhirnrinde übertragen. Die Photonen beispielsweise, die auf die Netzhautzellen prallen, setzen eine Kette biochemischer Ereignisse in Gang, die sich in den neuronalen Sehbahnen des Gehirns über mehrere Stationen fortsetzt und in topografisch organisierten Neuronen-Landkarten der Sehrinde im Hinterhauptsbereich des Gehirns endet. Vergleichbare Abläufe finden in den anderen externen – exterozeptiven – Sinnessystemen statt, die dem Hören, Tasten, Geschmack und Geruch dienen. Wenn wir an die Klänge eines Klaviers denken oder aber an das Ergebnis beim Berühren einer Oberfläche oder daran, wie Moleküle der Flüssigkeit, die wir trinken, oder der Luft, die wir atmen, sich auf die Neuronen in den akustischen, taktilen, gustatorischen und olfaktorischen Oberflächen auswirken, wird uns klar, dass alle ihren Ursprung in einer vielgliedrigen Kette von neuronalen Ereignissen haben, vergleichbar der, die in unserer Netzhaut beginnt und sich über die verschiedenen Stationen der Sehbahnen fortsetzt.

Noch einmal, nur für den Fall, dass irgendwelche Zweifel bestehen: Alle diese neuronalen Strukturen sind körperlicher Natur – die peripheren Rezeptoren, die Großhirnrinde, die Neuronennetzwerke, die mit ihrer Tätigkeit die Bilder erzeugen. Und was die äußere Realität angeht, die von diesen Netzwerken in Form von Bildern kartiert wird, so ist auch sie natürlich physischer Natur. Die so entstehenden physischen Bilder – und ihre gegliederte zeitliche Abfolge – als »mentalen« Prozess zu bezeichnen ist dann eine akzeptable Wortwahl, wenn der Begriff »mental« nicht den »körperlosen Zustand«, der traditionell mit dem Wort in Verbindung gebracht wird, heraufbeschwört oder gar aufzwingt.

Für die Denker, die sich in der Vergangenheit mit diesem Problem herumschlugen, *schienen* die Bilder immateriell zu sein, weil man nicht wissen konnte, wo oder wie solche »mentalen« Bilder in einem lebenden Organismus im Einzelnen erzeugt und zusammengestellt werden. Man musste darauf warten, dass geeignete wissenschaftliche Arbeiten die Anatomie und Physiologie des Prozesses offenlegten; erst dann konnte man ein Urteil über die materielle oder immaterielle Natur dieser Phänomene abgeben.

Solange man nichts darüber wusste, welche Mechanismen hinter der Entstehung der Bilder stehen, schienen diese Bilder »ungeerdet« und damit mental im herkömmlichen Sinn zu sein. Leider ist der Begriff »mental« geradezu zu einem Synonym für »immateriell« und »körperlos« geworden.

Heute wissen wir, dass man den Bilderzeugungsprozess am besten als biophysikalisch bezeichnet. Man kann es immer noch nützlich finden, die so entstandenen Bilder »mental« zu nennen, und dagegen ist auch nichts einzuwenden, vorausgesetzt, uns ist vollkommen klar, dass die Bilder durch die Tätigkeit komplexer biophysikalischer Phänomene entstehen und in komplexen neuronalen Systemen erzeugt werden, die Teil eines lebenden Organismus sind.

Seltsamerweise wirken mentale Prozesse heute auf den ersten Blick ebenso körperlos wie für die Denker, die vor Jahrhunderten die Realität erklären wollten. Um die Realität hinter einem solchen Erscheinungsbild begreifen und erforschen zu können, muss man die biologischen Tatsachen kennen – die vielfältigen Neuronenstrukturen, die Kartierungsanordnungen, ihre Verknüpfungen über mehrere neuronale Hierarchien hinweg und das Wesen der Tätigkeit von Neuronen.

II. Spielarten des Geistes

In meiner bisherigen Beschreibung habe ich den Geist und das Mentale im Zusammenhang mit Bildern erörtert, die ihren Ursprung in dem Universum rund um unseren Organismus haben. Diese Bilder werden buchstäblich von einem Wahrnehmungsmechanismus konstruiert, mit dem Lebewesen ihre Umgebung erkunden und darin alle möglichen Objekte und Ereignisse finden, die in ihrem Gehirn abgebildet werden. Die Bemerkungen, die sich auf die materielle Natur mentaler Ereignisse im Zusammenhang mit der Außenwelt beziehen, treffen aber auch auf die Bilder zu, die durch einen Mechanismus des Fühlens erzeugt werden. Dieser Mechanismus ermöglicht es einem Abschnitt des Nervensystems, die Strukturen und Abläufe des eigenen Organismus zu erkunden und daraus eine komplexe »Abbildung« seines eigenen anatomischen und funktionellen Inneren zu erstellen. Ob die so aufgebauten Bilder sich auf unsere äußere Umgebung oder auf unser eigenes Körperinneres beziehen, beide Mechanismen erzeugen *körperliche* Bilder. Die Unterschiede – und es gibt bemerkenswerte Unterschiede – liegen in der Komplexität und der genauen körperlichen Basis, die für die Bilder der einzelnen Typen erforderlich sind. Wie in Abschnitt I. erwähnt, basieren die Bilder, die über nach außen gerichtete Wahrnehmungsmechanismen erzeugt werden, auf einfachen neuronalen Landkarten, die insbesondere in den exterozeptiven Rindenarealen liegen, so in der Seh- und Hörrinde. Die vom Gefühlsmechanismus erzeugten Bilder basieren ebenfalls auf neuronalen Karten, aber diese sind in den Arealen der Großhirnrinde lokalisiert. Ihre wichtigste Informationsquelle ist seltsamerweise die neuronale Aktivität in den *interozeptiven subkortikalen Zentren*. Darüber hinaus ist ihre Integration weitaus komplexer als die der exterozeptiven Bilder, denn in interozeptiven Bildern fließen zahlreiche Sinnesquellen zusammen, und sie können sogar ein motorisches Element enthalten. Dennoch ist die Körperlichkeit der Strukturen, die dazu beitragen, im Wesentlichen die gleiche oder sogar noch stärker.

III. Leben hat seinen Ursprung in unbelebter Materie

Den Gedanken, dass Leben aus Unbelebtem hervorgegangen ist, brauchen wir nicht mehr zu verteidigen – diese Schlacht ist geschlagen. Unter bestimmten Bedingungen brachte unbelebte – das heißt tote – Materie Leben hervor und tut es auch weiterhin. Wie bei der »schwierigen« Tatsache, dass Geist ein körperlicher Prozess ist, sind Kenntnisse über die einschlägigen wissenschaftlichen Fakten auch unentbehrlich, wenn man erklären will, was widersprüchlich zu sein scheint. Aber während die entscheidenden Kenntnisse im Fall des »Geistesproblems« aus der Gehirnforschung stammen, brauchen wir im Fall des »Lebensproblems« Physik und Chemie, um die Biologie zu erklären und den Sieg davonzutragen. So brauchen wir beispielsweise die Beiträge von Erwin Schrödinger: Er legte offen, wie das Leben – das die Aufrechterhaltung weit vom Gleichgewicht entfernter chemischer Abläufe erfordert – auf eine ständige Energiezufuhr angewiesen ist, um sich selbst zu erhalten.[7] R. Pascal und A. Pross sowie die Beiträge von Stanley Miller und Tibor Ganti[8] lieferten die Kenntnisse über die präbiotische Chemie, brachten damit Licht in die physikalischen Prozesse des Lebens und machten deutlich, dass es charakteristische Komponenten gibt, die das Leben in einer Zelle unterstützen: *einen Stoffwechsel, der für die chemischen Bausteine und die Energieproduktion verantwortlich ist, ein sich selbst verdoppelndes Informationssystem und eine physische Membran, die diese Prozesse einhüllt.*

Folgt daraus wirklich, dass das erste Leben, das in Gestalt von Zellen auf der Bildfläche erschien und sich aus der Asche von Physik und Chemie erhob, bereits mentale und bewusste Bestandteile zeigte? Wie Pascal und Pross betonen, würden Humberto Maturana und Francisco Varela diese Frage eindeutig mit Ja beantworten.[9] Aber auch wenn ich mit ganzem Herzen einen intelligenten Zustand des Lebens bejahe, widersetze ich mich bei allem Respekt dem Gedanken, man könne die allgemeine Kognition in die Charakterisierung von Leben einbeziehen. Ich widersetze mich der Idee, das Leben sei bei seiner Entstehung mit spontanen »mentalen« Eigenschaften ausgestattet gewesen, von »bewussten« Eigenschaften ganz zu schweigen.

Im Einzelnen zu erklären, wie Leben aus physikalischer Materie erwächst, geht über das Themenspektrum dieses Buches hinaus. Der Hinweis möge genügen, dass der Lebensprozess offensichtlich für die Natur ein bequemer Weg ist, um Energie unter besonderen Umständen zu verbrauchen, und dass die dynamische kinetische Stabilität (DKS) ein entscheidendes Hilfsmittel für die Aufrechterhaltung des Lebens ist. Insbesondere liefert die DKS direkte Unterstützung für Maturanas und Varelas Vorstellung von einer »Autopoiesis«, jenem zyklischen Prozess, der seine eigenen Bestandteile hervorbringt und damit das Leben in lebenden Zellen und vielzelligen Organismen aufrechterhält. Wichtig ist auch, dass lebende Zellen und vielseitige Organismen entscheidend auf ihre Umwelt angewiesen sind. Sie passen sich an ihre Umgebung an und kommunizieren mit ihr, um den Lebensprozess voranzutreiben und aufrechtzuerhalten. Die Fähigkeit der Lebewesen, mit ihrer Umwelt und anderen Lebewesen zu interagieren, offenbart eine bemerkenswerte Intelligenz, die dazu führt, dass ein Organismus dazu neigt, sein Leben fortzusetzen. Und da Lebewesen Zugang zu einem ganzen Arsenal nichtexpliziter Kenntnisse darüber haben, was für die Aufrechterhaltung des Lebens nützlich oder nicht nützlich – und damit »intelligent« – ist, hat der Lebensprozess einen »symbolisch kognitiven« Aspekt. Andererseits gibt es aber keinen Anhaltspunkt, dass der Wissensschatz der Zellen, der zur Aufrechterhaltung des Lebens beiträgt, irgendwelche *expliziten* Darstellungen von Optionen enthält, welche die Handhabung des Lebens unterstützen. Es gibt keine expliziten »Muster« oder »Bilder«, die man befragen könnte und die sich damit am Prozess der Lebensregulation beteiligen. Wir können ohne Weiteres damit einverstanden sein, die Lebensprozesse als intelligent zu bezeichnen, und wir können den Gedanken akzeptieren, dass die Lebensregulation in ihrem Wesen etwas Symbolisch-Kognitives beinhaltet. Wir sollten aber Abstand von der Vorstellung nehmen, solche grundlegenden Lebensregulationsmechanismen könnten einen *mentalen* Prozess beinhalten, und noch viel weniger beinhalten sie Prozesse, die gefühlt und damit bewusst werden, kurz gesagt, Prozesse, die letztlich zu einer absichtlichen, selbst erzeugten Kreativität fähig wären.

Kapitel 27

Bemerkungen zu einem problematischen Wort

Das Bewusstsein zu erklären ist keine einfache Aufgabe. Es erfordert, dass wir die Ursprünge des Phänomens finden, erklären, woraus es besteht und wie es zustande kommt, und klarmachen, was es leistet. Erschwert wurde das Ganze dadurch, dass das Wort »Bewusstsein« (engl. *consciousness*) an eine ganze Reihe verschiedener Bedeutungen denken lässt, und viele davon stehen in keinem Zusammenhang mit dem Prozess, der am besten unseren derzeitigen wissenschaftlichen Überlegungen entspricht.

Im Englischen ist das Wort *consciousness* einer verbreiteten falschen Vorstellung zufolge auch mit dem Universum der Ethik verbunden, mit der Frage, ob etwas, was wir tun oder denken, den moralischen Regeln entspricht, die wir befolgen sollten, um eine gerechte und für ihre Bewohner lebenswerte Welt zu schaffen. Das korrekte Wort für diesen falschen Gebrauch des Begriffs *consciousness* lautet *conscience* (dt. Gewissen); warum die beiden Wörter leicht verwechselt werden, versteht man angesichts ihrer ähnlichen etymologischen Wurzeln (lat. *con* (mit) und *sine* (ohne)) leicht. Häufig wird das Wort »conscience« übergangen und stattdessen fälschlich das Wort »consciousness« benutzt. Besonders schwer haben es in dieser Hinsicht die romanischen Sprachen: Sie bezeichnen mit nur einem Wort – conscience – beide Bedeutungen: *Gewissen* im ethischen Sinn und *Bewusstsein,* jenen rätselhaften Prozess, den wir in diesem Buch zu beleuchten versuchen. Hier einige Beispiele für das problematische Wort in den großen romanischen Sprachen: *coscienza* im Italienischen, *consciencia* im Spanischen, *consciência* im Portugiesischen und *conscience* im Französischen. Leider gibt es in keiner dieser Sprachen eine genaue Entsprechung zu dem englischen *consciousness* oder dem deutschen *Bewusstsein* – eine höchst bizarre Tatsache.

Als Synonym für *Leben, Geist, spirituelle Kraft* oder *kosmische Verbundenheit* hat das Wort *Bewusstsein* nichts zu suchen, und ebenso wenig hat es irgendeine der vielen fantasievollen Bedeutungen, die eine achtlose Kultur ihm beigelegt hat. Bei Weitem am häufigsten und schwerwiegendsten ist die falsche Verwendung von »Bewusstsein« für *Geist* oder *Gewissen.*

Das Bewusstsein ist mit einer bescheidenen Definition zufrieden, auch wenn seine Leistungen – *es versetzt uns alle in die Lage, Geist und Körper unter einem einzigen Dach zu vereinen* – alles andere als bescheiden sind.

Kapitel 28

Die Anfänge des Bewusstseins

Die Natürliche Intelligenz erbringt wahrhaft wundersame, scheinbar endlose Leistungen. Die Regulation des Lebens musste mit dem Leben selbst – oder nicht lange danach – ihren Anfang nehmen und die Möglichkeit eröffnen, die Ausführung des Lebensprozesses so zu verfeinern, dass seine Fortsetzung gewährleistet war. Man kann sich leicht vorstellen, wie Organe und Organsysteme immer differenzierter wurden, Organismen irgendwann geistbegabt waren und die Fortbewegung entwickelten – nicht nur das Gehen, sondern auch das Schwimmen und sogar das Fliegen! – und am Ende ein *Bewusstsein* erlangten. Es liegt nahe, dass die Lebensregulation während des größten Teils dieses ereignisreichen Evolutionsweges und bei den verschiedenen Arten, mit denen sich die Evolution ihren Weg bahnte, *nicht* bewusst ablief, und auch der Geist – der möglicherweise aus einer Verkettung von »Leitbildern« bestand, auf die aber noch kein Eigentümer Anspruch erhob – blieb unbewusst. Diese mutmaßliche Tatsache wirft die Frage auf, warum und wie sich der unbewusste Zustand veränderte. Warum und wie konnten Leben und Geist von einer bewussten Regulation profitieren und sie sich zu eigen machen, wo doch die nichtbewusste Form der Regulation sich bis dahin eines offenkundigen Erfolges erfreute? An der Antwort auf diese nur scheinbar einfache Frage kann kein Zweifel bestehen: Die bewusste Regulation muss, was die Effizienz der Lebensführung angeht, eine bemerkenswerte Verbesserung dargestellt haben. Bewusstsein verhinderte Regulationsfehler, die Wahrscheinlichkeit des Scheiterns verminderte sich, und es wurde Energie gespart. Bewusstsein war ein wichtiger Schritt nach vorn.

Nachdem die Natur die *bewussten homöostatischen Gefühle* erfunden hatte, wurde es durch die Effizienz und Zuverlässigkeit der jeweiligen Nachrichten für die Natur unmöglich, zu der nichtbewussten Funktionsweise zurückzukehren. *Spontan* bewusste homöostatische Gefühle lenkten die Aufmerksamkeit zwangsläufig auf das Regulationsproblem, das ursprünglich für das Gefühl verantwortlich war, und sorgten dafür, dass der nun aufmerksam gewordene Organismus sich um bestimmte Probleme kümmerte und darauf reagierte. Die Reaktion war *nahezu* garantiert – wie konnte man eine Aufforderung, die im Körper so *nachdrücklich zu fühlen war*, ignorieren? –, und durch die Konzentration auf das Problem stiegen die Chancen, dass eine effiziente Reaktion folgte, was deren Wirksamkeit und Robustheit weiter gewährleistete.

Bewusste Lösungen für die Regulation funktionieren unter *allen* – positiven wie negativen – Umständen gut: wenn die bewussten Fühler Fehlfunktionen wahrnehmen *und* wenn sie eine harmonische Funktion bemerken. Im zweiten Fall versetzen sie den Organismus in die Lage, eine vorübergehende Ruhepause einzulegen und eine nützliche Erkundung seiner Umgebung vorzunehmen – wer weiß, vielleicht stößt er auf Gold und kann einen bezahlten Urlaub genießen!

Die Geburt des Bewusstseins auf dem Weg über die bewussten homöostatischen Gefühle lässt auch darauf schließen, dass eine wichtige Voraussetzung gegeben war. Die bewussten homöostatischen Gefühle erlebten ihren Aufschwung, als die Lebewesen bereits zu recht reichhaltigen Repräsentationen ihrer Umstände in der Lage waren; diese betrafen (a) die natürlichen Gegebenheiten in ihrer Umgebung, (b) häufig wiederkehrende Ereignisse, (c) andere Lebewesen und ihre typischen Tätigkeiten und (d) ihre eigene strukturelle Zusammensetzung. Nachdem die homöostatischen Gefühle ihr Bewusstsein zur Geltung brachten, wurden alle Umstände aus der Umgebung dem Subjekt bekannt und standen ihm für seinen Zugriff zur Verfügung, sodass es aus seinem nunmehr bewussten Zustand einen Nutzen ziehen konnte, der nur durch das Ausmaß der Natürlichen Intelligenz in der jeweiligen Situation und seine motorischen Fähigkeiten beschränkt wurde.

Die *Wahrnehmenden/Reflexiven/Linguistischen Geistesprozesse*, das heißt der *Integrierte Geist*, erzeugen die mentalen Vorgänge, die der *Fühlende Geist* mit seinen homöostatischen Gefühlen bewusst macht. Diese homöostatischen Gefühle beleuchten die gesamte mentale Landschaft und versetzen die Prozesse des *Integrierten Geistes* in die Lage, *alle diese Funktionsstränge zu einem einzigen Organismus gehören zu lassen, der an einem ganz bestimmten Ort und zu einer ganz bestimmten Zeit lokalisiert ist.*

In Lebewesen wie uns wird die Kontinuität des Bewusstseins durch die Kontinuität des Lebensprozesses und einer bestimmten Klasse homöostatischer Gefühle sichergestellt, nämlich jener, die wir als *Daseinsgefühle* bezeichnet haben. Die ständige Erzeugung von Daseinsgefühlen ist an einige unverzichtbare Tätigkeiten unseres lebenden Organismus gebunden: an die Aufrechterhaltung der *Körpertemperatur*, die ständigen Bewegungen und chemischen Austauschvorgänge der *Atmung*, den *unaufhörlichen Herzschlag* und den *Blutkreislauf*. Solange sich das Leben fortsetzt, setzen sich auch die Tätigkeiten, die in die jeweiligen bewussten homöostatischen Gefühle umgesetzt werden, und unsere Daseinsgefühle fort. Der Schlaf – mit Ausnahme der paradoxen Umstände des Träumens – unterbricht diese Kontinuität; das Gleiche gilt für die Vollnarkose und für Zustände wie das Koma und den vegetativen Zustand, der durch neurologische Verletzungen des oberen Hirnstammes verursacht wird. Und leider auch für den Tod.

Kapitel 29

Die Kette des Lebens

Unserem Dasein leisten die Glieder einer raffinierten Kette des Lebens gute Dienste.

Das erste Glied: Leben setzt einen ständigen Kampf um die Aufrechterhaltung der Homöostase voraus. In komplexen, mit einem Nervensystem ausgestatteten Organismen wird die Homöostase hergestellt, indem homöostatische Gefühle in den fließenden Geistesprozess eingreifen und die Lebensregulation prägen können.

Das zweite Glied: Homöostatische Gefühle sind *spontan bewusst*. Es liegt in ihrem Wesen, bewusst zu sein; eine andere Ursache gibt es nicht. Dass sie bewusst sind, hat den funktionellen Zweck, den allgemeinen Geistesprozess zu *informieren*, indem sie »Ratschläge« präsentieren; diese haben die Form von (a) Warnsignalen, (b) nachdrücklichen Empfehlungen oder (c) Befehlen; kurz gesagt, ist es die Art von Nachrichten, die man nicht ignorieren und schon gar nicht leugnen kann. Das mächtige, unausweichliche Wesen der Gefühle basiert auf der Kraft des *Affekts*, auf der verführerischen oder reizbaren Natur der *Gefühle*, aus denen sie zusammengesetzt sind. Homöostatische Gefühle sind keine arglosen Zaungäste, sondern *Verstärker* oder *Verführer*; darin liegt ihre funktionelle Wirkung.

Das dritte Glied: Dank der besonderen Natur der Affekte führt bewusstes Wissen zu Aktionen, die den homöostatischen Notwendigkeiten gerecht werden und zur Aufrechterhaltung des Lebens beitragen. Die Bedeutung des Bewusstseins für die Steuerung des Lebens zu übertreiben ist schlicht nicht möglich. Leben ohne Bewusstsein wäre nicht in der Lage gewesen, auf die Schicksalsschläge, Fehlfunktionen und Gefahren zu reagieren, die es ständig heimsuchen und für die es eine Antwort und eine Lösung finden *muss*. Dennoch ist der wesentliche Mechanismus des Bewusstseins einfach und sogar bescheiden: Er besteht daraus, dem Geistesprozess ein Warnsystem zur Verfügung zu stellen, das in der Lage ist, unverzichtbare Justierungen auszulösen und zu gewährleisten. Abhängig ist der Mechanismus von der Fähigkeit, (1) problematische Zustände im Körperinneren zu *spüren* und (2) großzügig die *Leidenschaften* anzuwenden, die ein unverzichtbarer Bestandteil des Lebens sind und überzeugend dazu auffordern können, die erforderlichen Korrekturen vorzunehmen.

Der eigentliche Kunstgriff des Bewusstseins besteht darin, an jedes Bild, das es im laufenden Lebensprozess zeichnet, ein gewisses Maß an *Leidenschaft* – positiv, negativ oder irgendetwas dazwischen – in großer oder kleiner Menge anzuheften. Jedes Einzelbild im Lebensprozess ist von Affekten, das heißt von Leidenschaft begleitet. Es zieht die Aufmerksamkeit auf sich und zwingt den Organismus, es zur Kenntnis zu nehmen und entsprechend zu reagieren.

Letztlich ereignet sich Bewusstsein, wenn die dem Leben innewohnende Leidenschaft je nach Möglichkeiten und Notwendigkeit auf die Bilder angewandt wird, die das Wandern und die Gedanken der Lebewesen beschreiben.

Kapitel 30

Wer hätte das gedacht?

Wer hätte gedacht, dass Affekte im Allgemeinen und Gefühle im Besonderen, die durch die Gnade der Natürlichen Intelligenz als Mittel zur Aufrechterhaltung des Lebens relativ einfacher Organismen ins Dasein getreten sind, im langen Lauf der Zeit zu definierenden Elementen des menschlichen Daseins werden würden, zu Lieferanten von Freude und Traurigkeit, von Herrlichkeit und Tragödie, von hohen und niedrigen Werten, und zu nichts weniger als dem tiefsten Fundament des Menschseins, das wir bewohnen und beobachten können? Was wir Menschen gezielt erfunden und diesem Universum hinzugefügt haben, von der Konstruktion verschiedenster Dinge über Verhaltensweisen bis zu Kunst und Philosophie, ist natürlich bemerkenswert. Und doch verblasst es im Vergleich zu den Geschenken des Affekts und – gestehen wir es ein – zu dem, was offensichtlich der *Ehrgeiz* der Natürlichen Intelligenz war. Da ist es kein Wunder, dass die Natürliche Intelligenz und ihre Affekte, nachdem sie zur Entstehung von tausend Königreichen und einigen Religionen beigetragen haben, die Menschen am Ende herausfordern und dazu treiben würden, ihre eigenen Ursprünge und Kräfte zu entdecken. So weit sind wir noch nicht, aber erstaunlicherweise sind wir als Ergebnis solcher Anregungen zumindest einem kleinen Teil des Rätsels, der Entstehung des Bewusstseins, näher gekommen – und haben es gelöst!

Anhang

Anmerkungen

Zum Anfang

1 Annila, A. und Annila, E. (2008); Crick, F. (1981); de Duve, C. (1995 und 2005); Dyson, F. (1999); Ganti, T. (2003); Kauffman, S. (2015); Higgs, P. G. und Lehman, N. (2015); Joyce, G. F. (2012); Mix, L. J. (2015); Pascal, R., Pross, A. und Sutherland, J. D. (2013); Pascal, R. und Pross, A. (2022); Robertson, M. P. und Joyce, G. F. (2012); Spitzer, J., Pielak, G. J. und Poolman, B. (2015).

2 Lewis hat wissenschaftlich exakt und in anregendem Ton über Bäume und ihr komplexes Dasein geschrieben.

3 Gefühle wie Schmerzen oder Durst sind *private, subjektive* Vorgänge; zu ihnen hat jeder von uns Zugang, aber buchstäblich niemand anderes. Emotionen dagegen (beispielsweise Freude, Wut oder Angst) werden nicht nur privat empfunden, sondern sind auch ein *öffentliches* Schauspiel, das jeder bei anderen beobachten kann. Ich möchte zu diesen Beschreibungen ein weiteres Merkmal hinzufügen, mit dem wir Gefühle und Emotionen noch radikaler voneinander trennen können: Gefühle mussten sich in der Evolution relativ frühzeitig entwickeln, nachdem Nervensysteme auf der Bildfläche erschienen waren, sind erhalten geblieben und dienen auf prachtvolle Weise der Steuerung des Lebens. Emotionen kamen vermutlich später hinzu, rundeten die Fähigkeiten zur Lebenssteuerung ab und förderten im Fall der Menschen unsere Karriere im Theater des Lebens! Ich würde gerne etwas darüber sagen, wann sie ihren Anfang nahmen, aber ehrlich gesagt weiß ich es nicht.

4 Leor Zmigrod (2025) bietet in einem kürzlich erschienenen Buch eine interessante Sichtweise für die Entwicklung differenzierter Kulturen, die darauf abzielten, vielfältige gesellschaftliche Probleme der Menschen zu lösen.

5 Die Verrücktheit hatte Methode und einen Plan. Ich wollte klarmachen, dass das Bewusstsein mich mit seinen Leistungen endlos fasziniert, aber das Hauptziel in diesem Buch betrifft die Frage, wie die Natur Bewusstsein hervorbringt.

I

Das Problem, Bewusstsein zu erzeugen, und eine Skizze möglicher Lösungen

1 Der *Wahrnehmende Geist* wird ganz buchstäblich in den wichtigsten sensorischen Rindenfeldern der verschiedenen Sinnesmodalitäten (Sehen, Hören, Tasten, Geschmack und Geruch) erzeugt. Der *Reflexive Geist* basiert auf den Assoziationsfeldern der Hirnrinde, die sich vorwiegend im Scheitel-, Stirn- und Schläfenbereich befinden, wo der Denkprozess je nach Bedarf zusammengesetzt und manipuliert wird, um rationale Entscheidungen möglich zu machen und neue Gegenstände und Ideen zu schaffen. Der *Linguistische Geist* nutzt die Sprachzentren; diese liegen bei der Mehrzahl der Personen, deren Sprache vorwiegend in der linken Hirnhälfte angesiedelt ist, in der Schläfen-, Scheitel- und Stirnregion.

2 Der *Fühlende Geist* ist ein ganz anderer Prozess. An ihm wirken die Rindenfelder zwar mit, die entscheidenden Tätigkeiten finden aber unterhalb der Ebene der Rinde in den oberen und hinteren Regionen des Hirnstammes und des Hypothalamus statt. Dorthin werden Signale aus dem gesamten Körper (darunter innere Organe, Schleimhäute und glatte Muskulatur) weitergeleitet. Unser primäres Gefühl, ein lebender Organismus zu sein, entsteht in diesen entscheidenden Zentren des Hirnstammes, und anschließend hallen sie ganz buchstäblich in der Inselrinde und den somatosensorischen Rindenarealen wider.

3 Das ist ein wichtiger Gedanke. In jedem von uns sind Geistesprozesse mehrerer Typen am Werk. Dominiert wird das mentale Schauspiel vom *Wahrnehmenden*, *Reflexiven* und *Linguistischen* Geist. Was wir um uns herum wahrnehmen, wie wir über das Wahrgenommene reflektieren und mit welcher Sprache wir unsere Erlebnisse beschreiben, all das nimmt unsere ganze Aufmerksamkeit in Anspruch. Die Theaterbühne für diese Ereignisse ist aber der lebende, fühlende Körper, und das ist eine ganz andere Geschichte. Wir werden bewusst, weil dieser lebende, fühlende Körper, der tief in den physischen Einzelheiten unseres Inneren verankert ist und unseren Geist ständig darüber informiert, wie gut das Leben in diesem Inneren bewältigt wird – oder auch nicht.

4 Bernard, C. (1865).

5 Cannon, W.B. (1929 und 1932).

6 Dies ist ein gutes Beispiel für das, was ich mit dem *Reflexiven Geist* meine: einen Prozess der Erinnerung und Analyse zusammenhängender

Tatsachen, der Vergleiche und Schlussfolgerungen möglich macht und sich unter Umständen großzügig der Sprache oder nonverbaler Bilder bedient. Der Tenor in meiner kleinen Geschichte ist Michael Spyres.

7 Raichle, M. E. (2015); Menon, V. (2023).

8 Viele dafür verantwortliche Gehirnareale liegen in den mesialen Rindenarealen. Diese Areale liegen sich beiderseits der Mittellinie, welche die beiden Gehirnhälften trennt, gegenüber.

9 Andreasen, N. C. (2006).

10 Bagriantsev, S. N. und Gracheva, E. O. (2015); Carvalho, G. B. und Damasio, A. (2021); Cea, I. und Martinez-Peria, D. (2023); Craig, A. D. (2003); Lowell, B. B. (2019); McKinley, M. J. (2003).

11 Gegen die Vorstellung von einem »Sollwert« für die Homöostase kann man nicht laut genug protestieren. Der Lebensprozess ist so komplex, dass es immer ein Spektrum von Werten gibt, das sich mit einer hinreichenden allgemeinen Homöostase verträgt.

12 Damasio, A. und Damasio, H. (1992; 2023; 2024).

13 Cech, T. R. (2012); Coppola, P. (2023); Craig, A. D. (2003); Dawkins, R.(2006); De Preester, H. (2019); Ginsburg, S. und Jablonka, E. (2019); Gizowski, C. und Bourque, C. W. (2018); Gracheva, E. O. und Bagriantsev, S. N. (2015).

14 Zizhen, Y. (2016).

II
Lösungen: eine genauere Betrachtung

1 Die »Doppelnatur« der homöostatischen Gefühle ist eine wichtige Feinheit. Ein Beispiel: Wenn wir in einem Körperteil ein bestimmtes Gefühl wie »Druck« oder »Jucken« spüren – also eine »mentale« Repräsentation von etwas, was sich im Körper geändert hat –, entsendet der Organismus wahrscheinlich eine automatische Reaktion zu dieser Stelle, die darauf abzielt, den Druck oder das Jucken zu vermindern. Das meine ich, wenn ich einen »viszeromotorischen« Anteil am Prozess des Fühlens erwähne, und es ist der Grund, warum ich auf die dezente, aber »doppelte« Natur der homöostatischen Gefühle bestehe. Diese Dualität ist nur in der Welt der Interozeption möglich. Bei der Exterozeption gibt es nichts Vergleichbares. Dass die homöostatischen Gefühle im lebenden Organismus verwurzelt sind, kann man nicht oft genug betonen.

2 Die Propriozeption, der vergessene »Sinn«, der unsere willkürlichen

Bewegungen möglich macht, ist in mehrfacher Hinsicht etwas anderes. Die beteiligten Neuronen sind »modern« in dem Sinn, dass sie im Gegensatz zu interozeptiven Neuronen meist durch Myelin isoliert sind. Aber inmitten dieser relativ modernen propriozeptiven Neuronen – die uns ein Gespür für unsere Lage im Raum verschaffen und uns helfen, uns in diesem umgebenden Raum zurechtzufinden – liegen auch interozeptive Neuronen, mit deren Hilfe wir die »Anspannung« oder »Entspannung« unserer quer gestreiften Muskulatur spüren und – besonders wichtig – den Schmerz, der sich einstellen kann, wenn wir einen dieser lobenswerten sportlichen Muskeln überdehnen.

3 Craig, A. D. (2003 und 2015); Berridge, K. C. und Kringelbach, M. L. (2015).

4 Singer, J. und Damasio, A., (2025).

5 Carvalho, G. und Damasio, A. (2021); Damasio, A. und Carvalho, G. (2013); Damasio, A. und Damasio, H. (2023 und 2024.a).

6 Die Remak-Bündel sind Ansammlungen unmyelinisierter Nervenfasern, die praktisch ohne Zwischenräume dicht nebeneinanderliegen. Diese anatomische Gestaltung begünstigt eindeutig eine »seitliche« Signalübertragung und ist damit ein gutes Beispiel dafür, wie ich mir die Grundlage des Phänomens der *Vermischung* vorstelle.

7 Aus der beschriebenen Sichtweise für die Entstehung des Bewusstseins ergibt sich unter anderem die Folge, dass es so etwas wie ein »erweitertes Bewusstsein« nicht gibt. Den Begriff hatte ich in früheren Arbeiten eingeführt und hielt ihn einst für hilfreich [Siehe zum Beispiel »Descartes' Irrtum« (2004) und »Ich fühle, also bin ich« (1999).] Stattdessen könnte man von einem »erweiterten« Geist – im Gegensatz zu einem »grundlegenden« Geist – sprechen, je nach der Menge, der Vielschichtigkeit und den komplexen Beziehungen zwischen den Gegenständen, die sich derzeit in diesem Geist befinden, aber auch nach ihrer obligaten »musikalischen« Begleitung durch homöostatische Gefühle.

8 Chalmers, D. (1996).

9 Panksepp, J. (1988) und Craig, A. D. (2003; 2015).

10 Dehaene, S. und Changeux, J. P. (2011).

11 Crick, F. und Koch, C. (1990; 2003).

12 Edelman, G. und Tononi, G. (2000).

13 Tononi, G. (2012).

14 Friston, K. (2005).

15 Solms, M. (2021).

16 Frank, A., Gleiser, M. und Thompson, E. (2025).

17 Adversarial Testing of GNW and IIT Theories of Consciousness, *Nature* 642, 133–142, 2025.
18 Posner, J. B., Saper, C. B., Schiff, N. D. und Plum, F. (2007). Eine vollständigere Ausgabe des erstmals 1970 erschienenen Buches von Plum, F. und Posner, J. B.
19 Parvizi, J. und Damasio, A. (2003); Fisher, D. B. et al. (2016); Coppola, P. (2023).
20 Shewmon, D. A., Holmes, G. und Byrne, P. (1999); Aleman, B. und Merker, B. (2014).
21 Damasio, H. und Damasio, A. (1989); Damasio, H., Grabowski, T. et al. (1994).
22 Freud, S. (1995 und 2010); Jung, C. G. (2009); Solmes, M. (1997).
23 Nancini, S. und Siemens, J. (2024); Song, K. et al. (2016).
24 Gracheva, E. O. und Bagriantsev, S. N. (2015).
25 Das Durstgefühl wird von der *Lamina terminalis* gesteuert, einem Teilgebiet des Hypothalamus; diese komplexe Struktur nimmt die Konzentration gelöster Stoffe im Blut wahr. Eine zu hohe Konzentration löst den Durst aus, was zum Trinken führt und damit die Konzentration vermindert. Leib, D. E., Zimmerman, C. A. und Knight, Z. A. (2016).
26 Damasio, A., Damasio, H. und Tranel, D. (2012).
27 *Endogene* Opioide sind chemische Substanzen, die im Organismus (und am häufigsten vom Gehirn) produziert werden und deren schmerzstillende Wirkung der des Opiums und verwandter natürlicher Substanzen ähnelt. Zu den endogenen Opioiden gehören unter anderem die Enkephaline und die Endorphine.

III

Jetzt, da wir es wissen

1 Damasio, A. (2018).
2 Damasio, A. und Damasio, H. (2024.b).
3 Zu denen, die bekanntermaßen den Begriff »Pflanzen-Neurobiologie« verwenden, gehören Reber und Baluška. Baluška, F. und Mancuso, S. (2009); Baluška, F. und Levin, M. (2016); Baluška, F. und Reber, A. (2019).
4 Siehe Trewavas, A. J. und Baluška, F. (2011).
5 Die Aussagen über die Gefahren der KI tätigte Geofrey Hinton in einem Interview der Fernsehsendung »60 Minutes« im Jahr 2024.
6 Die Idee, in digitale Geräte eine Verletzlichkeit einzubauen, wurde erstmals von meinem früheren Studenten und jetzigen Kollegen Kingson

Man in einem Artikel vorgeschlagen, den wir gemeinsam 2019 in der Fachzeitschrift *Nature Machine Intelligence* veröffentlichten (Man, K. & Damasio, A. 2019). In diesem Kapitel vertrete ich eine recht gutartige Sichtweise, aber wir können keineswegs sicher sein, dass Verletzlichkeit ungebührliches Verhalten von Robotern verhindern würde. Wahrscheinlich würde die Entwicklung verletzlicher Roboter aber eine ausgezeichnete experimentelle Plattform bieten, mit der man die Frage untersuchen könnte, ob sich in KI-Geräten jemals Geist und Bewusstsein entwickeln werden.

7 Lulla, R. (2024).

8 Dennett, D. C. (1993; 1995; 2018; 2023); Chalmers, D. J. (1996); Churchland, P. S. (1984); Searle, J.(1992); Block, N. (1995); Nagel, T. (1974).

9 Crick, F. und Koch, C. (1990).

10 Craig, A. D. (2015; 2003); Berridge, K. C. und Kringelbach, M. L. (2015); Solms, M. (2015); Tsakiris, M. und De Preester, H. (2019).

11 Posner, J. B. et al. (2007).

12 Dominguez, A. A. (2021).

IV
Nachlese

1 Die »Markov-Decke« ist ein statistischer Begriff. Sie definiert die Grenzen eines Systems – beispielsweise einer Zelle – auf statistischer Grundlage.

2 Diese Entdeckung verdanken wir Moh El-Naggar.

3 Energische Fürsprecher dieser Sichtweise sind Maturana und Varela (Maturana, H. und Varela, F., 1980), Tibor Ganti (Ganti, T., 2003) und Arthur Reber (Reber, A., 2022).

4 Darwin, C. (1860).

5 Baluška, F. und Reber, A. (2019).

6 Wie bereits erwähnt, geht die Bezeichnung »schwieriges Problem des Bewusstseins« auf den Philosophen David Chalmers zurück (Chalmers, D. 1996).

7 Pascal, R. und Pross, A. (2022).

8 Miller, S. L. (1953); Gantí, T. (2003).

9 Maturana, H. R. und Varela, F. J. (1980).

Literatur

Adolphs, R. und Anderson, D. J. (2018). The Neuroscience of Emotion: A New Synthesis, Princeton: Princeton University Press.

Adolphs, R. et al.(2000). A Role for Somatosensory Cortices in the Visual Recognition of Emotion as Revealed by Three-Dimensional Lesion Mapping. *Journal of Neuroscience*, 20(7), 2683–2690.

Aleman, B. und Merker, B. (2014). Consciousness without Cortex: A Hydranencephaly Family Survey. *Acta Paediatrica*, 103(10), 1057–1065.

Andreasen, N. C. (2006) The Creative Brain: The Science of Genius, New York: Plume Printing, Penguin.

Annila, A. und Annila, E. (2008). Why Did Life Emerge? *International Journal of Astrobiology*, 7(3–4), Kapitel 1, 293–300.

Arendt, D., Tosches, M. A. und Marlow, H. (2016). From Nerve Net to Nerve Ring, Nerve Cord and Brain – Evolution of the Nervous System. *Nature Reviews Neuroscience*, 17(1), 61–72.

Auden, W. H. (1942). For the Time Being: A Christmas Oratorio, London: Plough Publishing House [dt. Hier und Jetzt: ein Weihnachtsoratorium. Üb. v. G. Fritsch; München: Piper 1992].

Bagriantsev, S. N. und Gracheva, E. O. (2015). Molecular Mechanisms of Temperature Adaptation. *The Journal of physiology*, 593(16), 3483–3491.

Baluška, F. und Levin, M. (2016). On Having no Head: Cognition throughout Biological Systems. *Frontiers in Psychology*, 7, 1–19.

Baluška, F. und Mancuso, S. (2009). Deep Evolutionary Origins of Neurobiology: Turning the Essence of ›Neural‹ upside-down. *Communicative & Integrative Biology*, 2(1), 60–65.

Baluška, F. und Reber, A. (2019). Sentience and Consciousness in Single Cells: How the First Minds Emerged in Unicellular Species. *BioEssays*, 41(3).

Baluška, F., Reber, A. S. und Miller, W. B. Jr. (2022). Cellular Sentience as the Primary Source of Biological Order and Evolution. *BioSystems*, 218, Article 104694.

Baluška, F., Yokawa, K, Mancuso, S. und Baverstock, K. (2016). Understanding of Anesthesia – Why Consciousness Is Essential for Life and not Based on Genes. *Communicative & Integrative Biology*, 9(6), doi.org/10.1080/19420889.2016.1238118.

Barrett, L. F. et al. (2007). The Experience of Emotion. *Annual Review of Psychology*, 58, 373.
Barsalou, L. W. (2008). Grounded Cognition. *Annual Review of Psychology*, 59, 617–645.
Beaulieu, P. et al. (2015). Pharmacology of Pain, Philadelphia: Lippincott Williams & Wilkins.
Behbehani, M. M. (1995). Functional Characteristics of the Midbrain Periaqueductal Gray. *Progress in Neurobiology*, 46(6), 575–605.
Bernard, C. (1865). Leçons sur les Phénomènes de la Vie Communs aux Animaux et aux Végétaux. Paris: Librarie J. B. Baillière et Fils. Nachdruck: Collection of the University of Michigan Library.
Berridge, K. C. und Kringelbach, M. L. (2015). Pleasure Systems in the Brain. *Neuron* 86(3), 646–664.
Bevacqua, R. J. et al. (2021). CRISPR-Based Genome Editing in Primary Human Pancreatic Islet Cells. *Nature Communications*, 12(1), Article 2397.
Björnsdotter, M., Morrison, I. und Olausson, H. (2010). Feeling Good: on the Role of C Fiber Mediated Touch in Interoception. *Experimental Brain Research*, 207, 149–155.
Block, N. (1995), The Mind as the Software of the Brain, New York: books.google.com.
Bostrom, N. (2014). Superintelligence: Paths, Dangers, Strategies, Oxford: Oxford University Press [dt. Superintelligenz: Szenarien einer kommenden Revolution. Üb. v. J.-E. Strasser; Berlin: Suhrkamp 2014].
Brenner, E. D. et al. (2006). Plant Neurobiology: an Integrated View of Plant Signaling. *Trends in Plant Science*, 11(8), 413–419.
Brown, D. A. und Marsh, S. (1978) Axonal GABA-Receptors in Mammalian Peripheral Nerve Trunks. *Brain Res* 156, 187–191, doi:10.1016/0006-8993(78)90098-7.
Bruchas, M. R. et al. (2009). CRF1-R Activation of the Dynorphin/Kappa Opioid System in the Mouse Basolateral Amygdala Mediates Anxiety-Like Behavior. *PloS One*, 4(12), e8528.
Busse, J. W. et al. (2018). Opioids for Chronic Noncancer Pain: a Systematic Review and Meta-Analysis. *Jama*, 320(23), 2448–2460.
Cabanac, M. (1996). On the Origin of Consciousness, a Postulate and Its Corollary. *Neuroscience & Biobehavioral Reviews*, 20(1), Kapitel 2, 33–40.
Calvo, P. und Baluška, F. (2015). Conditions for Minimal Intelligence Across Eukaryota: a Cognitive Science Perspective. *Frontiers in Psychology*, 6, 1–4, doi.org/10.3389/fpsyg.2015.01329.
Cannon, W. B. (1932). The Wisdom of the Body, New York: Norton.

Cannon, W. B. (1929). Organization for Physiological Homeostasis. *Physiological Review*, 9, 399–431.
Cao, J., Cole, I. B. und Murch, S. J. (2006). Neurotransmitters, Neuroregulators and Neurotoxins in the Life of Plants. *Canadian Journal of Plant Science*, 86(4), 1183–1188.
Carroll, S. (2001). The Big Picture. *Nature*, 409, 669, doi.org/10.1038/35055637.
Carvalho, G. B. und Damasio, A. (2021). Interoception and the Origin of Feelings: A New Synthesis, *BioEssays*, https://doi.org/10.1002/bies.2020 00261.
Castells, M. (2009). Communication Power, New York: Cambridge University Press.
Castells, M. (2019). Rupture: The crisis of liberal democracy, Cambridge: Polity Press.
Cathomas, F. und Russo, S. J. (2020). Brain–Spleen Connection Aids Antibody Production. *Nature News and Views*, 581, 142–143.
Cea, I. und Martinez-Peria, D. (2023). Continuous Organismic Sentience as the Integration of Core Affect and Vitality. *Journal of Consciousness Studies*, Bd. 30, Nr. 3–4, S. 7–33 (27), https://doi.org/10.53765/20512201.30 .3.007.
Cech, T. R. (2012). The RNA Worlds in Context. *Cold Spring Harbor Perspectives in Biology*, 4(7), a006742.
Chalmers, D. J. (1996). The Conscious Mind: In Search of a Fundamental Theory, Oxford: Oxford University Press.
Chaudhary, U. et al. (2017). Brain-Computer Interface-Based Communication in the Completely Locked-In State. *PLoS Biology*, 15(1), doi.org/10.1371/journal.pbio.1002593.
Churchland, P. S. (1986). Neurophilosophy, Cambridge: MIT Press.
Churchland, P. S. (2019). Conscience: The Origins of Moral Intuition, New York: W. W. Norton & Company.
Cogitate Consortium et. al. (2025). Adversarial Testing of GNW and ITT Theories of Consciousness. *Nature*, 642,133–142.
Collinger, J. et al. (2013). High-Performance Neuroprosthetic Control by an Individual with Tetraplegia. *The Lancet*, 381(9866):557–564, doi.org/10.1016/S0140-6736(12)61816-9.
Coppola, P. (2023). A Review of the Sufficient Conditions for Consciousness. *arXiv preprint arXiv:2311.09236*.
Coppola, P. (2025). A Review of the Sufficient Conditions for Consciousness. *Neuroscience and Biobehavioral Reviews*.
Craig, A. D. (2015). How Do You Feel? An Interoceptive Moment with Your Neurobiological Self, Princeton: Princeton University Press.

Craig, A. D. (2003). Interoception: the Sense of the Physiological Condition of the Body. *Current Opinion in Neurobiology*, 13, Nr. 4, 500–505.

Crick, F. (1981). Life Itself: Its Origins and Nature, New York: Simon and Schuster [dt. Das Leben selbst: sein Ursprung, seine Natur. Üb. v. F. Griese; München: Piper 1983].

Crick, F. und Koch, C. (1990). Towards a Neurobiological Theory of Consciousness. *Seminars in the Neurosciences*, Bd. 2, Nr. 263–275, 203.

Crick, F. und Koch, C. (2003). A Framework for Consciousness. *Nature Neuroscience*, 6(2), 119–126.

Critchley, H. D. et al. (2004). Neural Systems Supporting Interoceptive Awareness. *Nature Neuroscience*, 7(2), 189–195.

Damasio, A. (1989a). Time-Locked Multiregional Retroactivation: A Systems-Level Proposal for the Neural Substrates of Recall and Recognition. *Cognition*, 33, 25–62.

Damasio, A. (1989b). Concepts in the Brain. *Mind and Language*, 4, (1–2), 24–28, doi.org/10.1111/j.1468-0017.1989.tb00236.x.

Damasio, A. (1999). The Feeling of What Happens: Body and Emotion in the Making of Consciousness, New York: Harcourt [dt. Ich fühle, also bin ich. Üb. v. H. Kober; München: List 2000].

Damasio, A. (2010). Self Comes to Mind: Constructing the Conscious Brain, New York: Pantheon [dt. Selbst ist der Mensch: Körper, Geist und die Entstehung des menschlichen Bewusstseins. Üb. v. S. Vogel; München: Siedler 2011].

Damasio, A. (2018). The Strange Order of Things: Life, Feeling, and the Making of Cultures, New York: Pantheon [dt. Am Anfang war das Gefühl: Der biologische Ursprung menschlicher Kultur. Üb. v. S. Vogel; München: Siedler 2017].

Damasio, A. (2022). The Reality and Prevalence of Animal Sentience, *Animal Sentience*, 31(17), DOI: 10.51291/2377-7478.1752.

Damasio, A. und Carvalho, G. B. (2013). The Nature of Feelings: Evolutionary and Neurobiological Origins. *Nature Reviews Neuroscience*, 14(2), 143–152.

Damasio, A. und Damasio, H. (1992). Brain and Language. *Scientific American*, 267, 88–109.

Damasio, A. und Damasio, H. (2016). Pain and other Feelings in Humans and Animals. *Animal Sentience: An Interdisciplinary Journal on Animal Feeling*, 1(3), 1–4.

Damasio, A. und Damasio, H. (2020). How Life Regulation and Feelings Motivate the Cultural Mind: A Neurobiological Account. In: O. Houdé und G. Borst (Hrsg.), The Cambridge Handbook of Cognitive Development, Cambridge: Cambridge University Press.

Damasio, A. und Damasio, H. (2022). Homeostatic Feelings and the Biology of Consciousness, *BRAIN, Oxford Academic*, Bd. 145; 2231–2235.

Damasio, A. und Damasio, H. (2023a). Sensing Is a Far Cry from Sentience, *Animal Sentience*, 33(16), DOI: 1051291/2377-7478.1805.

Damasio, A. und Damasio, H. (2023b). Feelings are the Source of Consciousness, *Neural Computation*, 35(3), 277–286, doi: https://doi.org/10.1162/neco_a_01521.

Damasio, A. und Damasio, H. (2023c). Consciousness Begins with Feeling not Thinking, *IAI News*, https://iai.tv/articles/consciousness-begins-with-feelings-hanna-damasio-auid-2462.

Damasio, A. und Damasio, H. (2024a). Sensing, Feeling and Consciousness, *Philosophical Transactions of the Royal Society B*, 379(1908), https://doi.org/10.1098/rstb.2023.0243.

Damasio, A. und Damasio, H. (2024b). Homeostatic Feelings and the Emergence of Consciousness, *Journal of Cognitive Neuroscience*, 36(8), 1653–1659, doi: https://doi.org/10.1162/jocn_a_02119.

Damasio, A., Damasio, H. und Tranel, D. (2012). Persistence of Feelings and Sentience After Bilateral Damage of the Insula. *Cerebral Cortex*, 23, 833–846.

Damasio, A. und Kuhl, P. (2013). Language. In: E. Kandel (Hrsg.), Principles of Neural Science, 5. Auflage, McGraw-Hill.

Damasio, A. und LeDoux, J. (2013). Emotion. In: E. Kandel (Hrsg.), Principles of Neural Science, 5. Auflage, McGraw-Hill.

Damasio, A. und Meyer, K. (2009). Consciousness: an Overview of the Phenomenon and of Its Possible Neural Basis. In: S. Laureys und G. Tononi (Hrsg.), The Neurology of Consciousness, Burlington, Mass.: Elsevier, 3–14.

Damasio, A. und Tranel, D. (1993). Nouns and Verbs Are Retrieved with Differently Distributed Neural Systems. *Proceedings of the National Academy of Sciences*, 90(11), 4957–4960.

Damasio, A., Tranel, D. und Damasio, H. (1990). Face Agnosia and the Neural Substrates of Memory. *Annual Review of Neuroscience*, 13, 89–109.

Damasio, A. et al. (1990). Neural Regionalization of Knowledge Access: Preliminary Evidence. *Symposia on Quantitative Biology*, 55, 1039–1047.

Damasio, A. et al. (2000). Subcortical and Cortical Brain Activity during the Feeling of Self-Generated Emotions. *Nature Neuroscience*, 3(10), 1049–1056, doi.org/10.1038/79871.

Damasio, H. (2005). Human Brain Anatomy in Computerized Images, 2. Auflage. New York: Oxford University Press.

Damasio, H. und Damasio, A. (1989). Lesion Analysis in Neuropsychology, Oxford: Oxford University Press.
Damasio, H. und Damasio, A. (2023a). A Joint Interview in *Neuron Special Issue: Neuroscience unbounded*, Bd. 111(21), 3337–3340, https://doi.org/10.1016/j.neuron.2023.09.026.
Damasio, H. und Damasio, A. (2023b). Consciousness Begins with Feeling not Thinking, *IAI (Institute of Art and Ideas) News*, https://iai.tv/articles/consciousness-begins-with-feelings-hanna-damasio-auid-2462.
Damasio, H. et al. (1994). The Return of Phineas Gage: Clues about the Brain from the Skull of a Famous Patient. *Science*, 264(5162), 1102–1105.
Damasio, H. et al. (2004). Neural Systems behind Word and Concept Retrieval. *Cognition*, 92(1), 179–229.
Darwin, C. (1860). The Origin of The Species by Means of Natural Selection, New York: The New American Library; Darwin, C. (2009). On the Origin of Species, New York: Penguin Classics [dt. Der Ursprung der Arten. Üb. v. E. Schönfeld; Stuttgart: Klett-Cotta 2018].
Davidson, R. und Shuyler, B. S. (2015). Neuroscience of Happiness. In: J. F. Helliwell, R. Layard und J. Sachs (Hrsg.), World Happiness Report 2015. New York: Sustainable Development Solutions Network.
Dawkins, R. (2006). The Selfish Gene: 30th Anniversary Edition, New York: Oxford University Press [dt. Das egoistische Gen. Üb. v. K. Sousa de Ferreira; Jubiläumsausgabe Heidelberg: Elsevier Spektrum Akad. Verlag 2007].
de Duve, C. (1995). Vital Dust: The Origin and Evolution of Life on Earth, Kapitel 1, New York: Basic Books [dt. Aus Staub geboren: Leben als kosmische Zwangsläufigkeit. Üb. v. S. Vogel; Heidelberg: Spektrum Akad. Verlag 1995].
de Duve, C. (2005). Singularities: Landmarks in the Pathways of Life, Cambridge: Cambridge University Press.
De Preester, H. (2019). Subjectivity as a Sentient Perspective and the Role of Interoception. In: M. Tsakiris und H. De Preester (Hrsg.), The Interoceptive Mind, Oxford: Oxford University Press, 293–306.
Dehaene, S. (2014). Consciousness and the Brain: Deciphering How the Brain Codes Our Thoughts, New York: Viking [dt. Denken: Wie das Gehirn Bewusstsein schafft. Üb. v. H. Reuter; München: Albrecht Knaus 2014].
Dehaene, S. und Changeux, J. P. (2011). Experimental and Theoretical Approaches to Conscious Processing. *Neuron*, 70(2): 200–227.
Dennett, D. (1993). Consciousness Explained, London: Penguin [dt. Philosophie des menschlichen Bewusstseins. Üb. v. F. Wuketits; Hamburg: Hoffmann und Campe 1994].

Dennett, D. (1995). Darwin's Dangerous Idea: Evolution and the Meanings of Life, New York: Simon and Schuster [dt. Darwins gefährliches Erbe: Die Evolution und der Sinn des Lebens. Üb. v. S. Vogel; Hamburg: Hoffmann und Campe 1997].

Dennett, D. C. (2018). Facing up to the Hard Question of Consciousness. *Philosophical Transactions of the Royal Society B*, doi.org/10.1098/rstb.2017.0342.

Dennett, D. C. (2023). I've Been Thinking, New York: Norton.

Denton, D. (2005). The Primordial Emotions: The Dawning of Consciousness, Oxford: Oxford University Press.

Devor, M. (1999). Unexplained Peculiarities of the Dorsal Root Ganglion. *Pain*, 82, S27-S35.

Devor, M. und Wall, P. D. (1990). Cross-Excitation in Dorsal Root Ganglia of Nerve-Injured and Intact Rat. *Journal of Neurophysiology*, 64(6), 1733–1746.

Dickinson, E. (1991). Poems XLIII, Collected Poems, Philadelphia: Courage Books. [dt. Emily Dickinson: Sämtliche Gedichte, zweisprachig. Üb. v. G. Kübler; München: Hanser 2015].

Diggle, S. P. et al. (2007). Cooperation and Conflict in Quorum-Sensing Bacterial Populations. *Nature*, 450, 411–414, https://doi.org/10.1038/nature06279.

Domingos, P. (2015). The Master Algorithm: How the Quest for the Ultimate Learning Machine Will Remake Our World, New York: Basic Books.

Domínguez, A. A. (2024). Ancient Inner Feelings: Interoceptive Insights into the Evolution of Consciousness. *Biological Theory*, https://doi.org/10.1007/s13752-024-00474-4.

Donald, M. (1991). Origins of the Modern Mind: Three Stages in the Evolution of Culture and Cognition, Cambridge, Mass.: Harvard University Press.

Doudna, J. A. und Charpentier, E. (2014). The New Frontier of Genome Engineering with CRISPR-Cas9. *Science*, 346(6213), https://www.science.org/doi/10.1126/science.1258096.

Dreborg, S. et al. (2008). Evolution of Vertebrate Opioid Receptors. *Proceedings of the National Academy of Sciences*, 105(40), 15 487–15 492.

Durkheim, E. (1995). The Elementary Forms of Religious Life, New York: The Free Press.

Dyson, F. (1999). Origins of Life, New York: Cambridge University Press [dt. Die zwei Ursprünge des Lebens. Üb. v. E. P. Fischer; Hamburg: Rasch und Röhring 1988].

Edelman, G. (1987). Neural Darwinism: The Theory of Neuronal Group

Selection, New York: Basic Books [dt. Unser Gehirn: ein dynamisches System. Üb. v. F. Griese; München: Piper 1993].
Edelman, G. M. und Tononi, G. (2000). A Universe of Consciousness: How Matter Becomes Imagination, New York: Basic Books [dt. Gehirn und Geist: Wie aus Materie Bewusstsein wird. Üb. v. S. Kuhlmann-Krieg; München: C.H.Beck 2002].
Edgecombe, G. D. und Legg, D. A. (2014). Origins and Early Evolution of Arthropods. *Palaeontology*, 57(3) 457–468.
Erill, I., Campoy, S. und Barbé, J. (2007). Aeons of Distress: an Evolutionary Perspective on the Bacterial SOS Response. *FEMS Microbiology Reviews*, 31(6), 637–656.
Farmer, P. (2020). Fevers, Feuds, and Diamonds: Ebola and the Ravages of History, New York: Farrar, Straus and Giroux.
Fischer, D. B. et al. (2016). A Human Brain Network Derived from Coma-Causing Brainstem Lesions. *Neurology*, 87(23), 2427–2434.
Foley, R. A. et al. (2016). Major Transitions in Human Evolution. *Philosophical Transactions of the Royal Society B*, 371(1698), doi.org/10.1098/rstb.2015.0229.
Foster, J. A. und McVey Neufeld, K. A. (2013). Gut–Brain Axis: How the Microbiome Influences Anxiety and Depression. *Trends in Neurosciences*, 36(5), 305–312.
Fox, K. C. R. et al. (2020). Intrinsic Network Architecture Predicts the Effects Elicited by Intracranial Electrical Stimulation of the Human Brain. *Nature Human Behavior*, doi.org/10.1038/s41562-020-0910-1.
Frank, A., Gleiser, M. und Thompson, E. (2025). The Blind Spot: Why Science Cannot Ignore the Human Experience, Cambridge, MA: MIT Press.
Freud, S. (1930). Das Unbehagen in der Kultur. Verschiedene Ausgaben.
Freud, S. (2023). Gesamtausgabe in 23 Bänden; Gießen: Psychosozial-Verlag.
Friston, K. (2005). A theory of cortical responses. *Philosophical transactions of the Royal Society B: Biological sciences*, 360(1456), 815–836.
Friston, K. (2018). Of Woodlice and Men: A Baysian Account of Cognition, Life and Consciousness. An Interview with Karl Friston. *ALIVS Bulletin*, 2, 17–43.
Fueri C. et al. (1984). Release of Serotonin from Perikarya in Cat Nodose Ganglia. *Brain Res* 304, 173–177, doi:10.1016/0006-8993(84)90877-1.
Ganti, T. (2003). The Principles of Life, New York: Oxford University Press.
Gao, X. et al. (1992). Presence of Functional Vasopressin V1 Receptors in Rat Vagal Afferent Neurones. *Neuroscience Letters*, 145, 79–82, doi:10.1016/0304-3940(92)90208-O.

Gardner, H. (2011). Truth, Beauty, and Goodness Reframed: Educating for the Virtues in the Twenty–First Century, New York: Basic Books.
Gibson, D. G. et al. (2010). Creation of a Bacterial Cell Controlled by a Chemically Synthesized Genome. *Science*, 329(5987), 52–56.
Ginsburg, S. und Jablonka, E. (2019). The Evolution of the Sensitive Soul: Learning and the Origins of Consciousness, Cambridge, Massachusetts und London, England: MIT Press.
Gizowski, C. und Bourque, C. W. (2018). The Neural Basis of Homeostatic and Anticipatory Thirst. *Nature Reviews Nephrology*, 14(1), 11–25.
Godfrey-Smith, P. (2016). Other Minds: The Octopus, the Sea, and the Deep Origins of Consciousness, New York: Farrar, Straus and Giroux.
Gracheva, E. O. und Bagriantsev, S. N. (2015). Evolutionary Adaptation to Thermosensation. *Current Opinion in Neurobiology*, 34, 67–73.
Gray, J. (2013). The Silence of Animals: On Progress and Other Modern Myths, New York: Farrar, Straus and Giroux [dt. Raubtier Mensch: die Illusion des Fortschritts. Üb. v. H. Freundl; Stuttgart: Klett-Cotta 2015].
Greene, J. D. et al. (2001). An fMRI Investigation of Emotional Engagement in Moral Judgment. *Science*, 293(5537), 2105–2108.
Habibi, A. und Damasio, A. (2014). Music, Feelings, and the Human Brain. *Psychomusicology: Music, Mind, and Brain*, 24(1), 92–102.
Hameroff, S. (2017). The Quantum Origin of Life: How the Brain Evolved to Feel Good. *On Human Nature*, 333–353.
Hameroff, S. (2019). Consciousness and Quantum State Reduction – Which Comes First? *Activitas Nervosa Superior*, 61, 31–40, doi.org/10.1007/s41470-019-00053-0.
Harari, Y. N. (2015, 2016). Homo Deus: A Brief History of Tomorrow, Oxford: Signal Books, London: Penguin UK [dt. Homo Deus: eine Geschichte von morgen. Üb. v. A. Wirthensohn; München: C.H.Beck 2017/2024].
Harper, A. A. und Lawson, S. N. (1985). Conduction Velocity Is Related to Morphological Cell Type in Rat Dorsal Root Ganglion Neurons. *The Journal of Physiology*, 359(1), 31–46.
Hashiguchi, Y., Tasaka, M. und Morita, M. T. (2013). Mechanism of Higher Plant Gravity Sensing. *American Journal of Botany*, 100(1), 91–100.
Hejnol, A. und Rentzsch, F. (2015). Neural Nets. *Current Biology*, 25(18), R782-R786.
Hendrickx, J. F. et al. (2008). Is Synergy the Rule? A Review of Anesthetic Interactions Producing Hypnosis and Immobility. *Anesthesia & Analgesia*, 107(2), 494–506, doi.org/10.1213/ane.0b013e31817b859e.
Henning, M. et al. (2017). A Potential Role for mu-Opioids in Mediating the

Positive Effects of Gratitude. *Frontiers in Psychology*, 8, doi.org/10.3389/fpsyg.2017.00868.
Higgs, P. G. und Lehman, N. (2015). The RNA world: Molecular Cooperation at the Origins of Life. *Nature Reviews Genetics*, 16(1), 7–17.
Hinton, G. E. (2007). Learning Multiple Layers of Representation. *Trends in Cognitive Sciences*, 11(10), 428–434.
Hobbes, T. (2006). Leviathan, New York: A&C Black [dt. Der Leviathan. Üb. v. J. P. Mayer; Ditzingen: Reclam 2025 und weitere deutsche Ausgaben].
Hoffman, H. H. und Schnitzlein, H. N. (1961). The Numbers of Nerve Fibers in the Vagus Nerve of Man. *The Anatomical Record*, 139(3), 429–435.
Horkheimer, M. und Adorno, T. W. (1987). Gesammelte Schriften: Dialektik der Aufklärung und Schriften 1940–1950. Frankfurt am Main: S. Fischer.
Hubel, D. und Wiesel, T. (2004). Brain and Visual Perception, New York: Oxford University Press.
Hughes, D. T. und Sperandio, V. (2008). Inter-Kingdom Signaling: Communication between Bacteria and their Hosts. *Nature Reviews Microbiology*, 6(2), 111–120.
Hustvedt, S. (2017). The Delusions of Certainty, New York, London, Toronto, Syndey, New Delhi: Simon and Schuster [dt. Die Illusion der Gewissheit. Üb. v. B. Seifried; Reinbek bei Hamburg: Rowohlt 2018].
Immordino-Yang, M. H. (2015). Emotions, Learning, and the Brain: Exploring the Educational Implications of Affective Neuroscience, New York: W. W. Norton & Company.
Irnich D. et al. (2001). ATP Affects Both Axons and Schwann Cells of Unmyelinated C Fibres. *Pain*, 92, 343–350, doi:10.1016/S0304-3959(01)00277-9.
James, W. (1983). The Varieties of Religious Experience, New York: Penguin Classics [dt. Die Vielfalt religiöser Erfahrung. Üb. v. E. Herms u. C. Stahlhut; Frankfurt am Main: Insel 1997].
James, W. (2013). Principles of Psychology, Hardpress Limited.
Jousset, A. et al. (2013). Evolutionary History Predicts the Stability of Cooperation in Microbial Communities. *Nature Communications*, 4(1), https://doi.org/10.1038/ncomms3573.
Joyce, G. F. (2012). Bit by Bit: the Darwinian Basis of Life. *PLoS Biology*, 10(5), https://doi.org/10.1371/journal.pbio.1001323.
Jung, C.-J. et al. (2009). *Streptococcus mutans* autolysin AtlA Is a Fibronectin-Binding Protein and Contributes to Bacterial Survival in the Bloodstream and Virulence for Infective Endocarditis. *Molecular Microbiology*, 74(4), 888–902.

Kahneman, D. (2000). Experienced Utility and Objective Happiness: A Moment-Based Approach. In: D. Kahneman und A. Tversky (Hrsg.), Choices, Values, and Frames, New York: Russell Sage Foundation.

Kandel, E. et al. (2013). Principles of Neural Science, 5. Auflage, New York: McGraw-Hill.

Kaplan, J. et al. (2016). Processing Narratives Concerning Protected Values: A Cross-Cultural Investigation of Neural Correlates. *Cerebral Cortex*, 1–11, doi.org/10.1093/cercor/bhv325.

Kauffman, S. (2015). What is Life? *Israel Journal of Chemistry*, 55(8), 875–879.

Kearns, D. B. (2010). A Field Guide to Bacterial Swarming Motility. *Nature Reviews Microbiology*, 8(9), 634–644.

Keller, L. und Surette, M. G. (2006). Communication in Bacteria: an Ecological and Evolutionary Perspective. *Nature Reviews*, 4, 249–258.

Kiernan, J. A. (1996). Vascular Permeability in the Peripheral Autonomic and Somatic Nervous Systems: Controversial Aspects and Comparisons with the Blood-Brain Barrier. *Microscopy Research and Technique*, 35(2), 122–136.

Kim, D. Y. und Camilleri, M. (2000). Serotonin: a Mediator of the Brain-Gut Connection. *The American Journal of Gastroenterology*, 95(10), 2698–2709.

Kirschner, S. und Tomasello, M. (2010). Joint Music Making Promotes Prosocial Behavior in 4-Year-Old Children. *Evolution and Human Behavior*, 31(5), 354–364.

Klein, C. und Barron, A. B. (2016). Insects Have the Capacity for Subjective Experience. *Animal Sentience: An Interdisciplinary Journal on Animal Feeling*, 1(9).

Klein, C. und Barron, A. B. (2020). How Experimental Neuroscientists Can Fix the Hard Problem of Consciousness. *Neuroscience of Consciousness*, 1, doi.org/10.1093/nc/niaa009.

Klop, E. M. et al. (2005). In Cat Four Times as Many Lamina I Neurons Project to the Parabrachial Nuclei and Twice as Many to the Periaqueductal Gray as to the Thalamus. *Neuroscience*, 134(1), 189–197.

Koch, C. (2019). The Feeling of Life Itself: Why Consciousness is Widespread But Can't Be Computed, Cambridge, Mass.: MIT Press [dt. Bewusstsein: Warum es weit verbreitet ist, aber nicht digitalisiert werden kann. Üb. v. M. Niehaus-Osterloh u. J. Wissmann; Berlin: Springer Verlag 2020].

Kosslyn, S. M. (1980). Image and Mind, Cambridge, Mass.: Harvard University Press.

Kosslyn, S. M. et al. (1995). Topographical Representations of Mental Images in Primary Visual Cortex. *Nature*, 378, 496–498.

Kosslyn, S. M. et al. (1999). The Role of Area 17 in Visual Imagery: Convergent Evidence from PET and rTMS. *Science*, 284, 167–170.
Kosslyn, S. M., Ganis, G. und Thompson, W. L. (2001). Neural Foundations of Imagery. *Nature Reviews Neuroscience*, 2, 635–642.
Kotas, M. E. und Medzhitov, R. (2015). Homeostasis, Inflammation, and Disease Susceptibility. *Cell*, 160(5), 816–827.
Kram, K. E. und Finkel S. E. (2014). Culture Volume and Vessel Affect Long-Term Survival, Mutation Frequency, and Oxidative Stress of Escherichia coli. *Applied and Environmental Microbiology*, 80(5), 1732–1738.
Kram, K. E. und Finkel, S. E. (2015). Rich Medium Composition Affects Escherichia Coli Survival, Glycation, and Mutation Frequency during Long-Term Batch Culture. *Applied and Environmental Microbiology*, 81(13), 4442–4450.
Lacolley P. et al. (2006a). 5-HT Activates Vagal Afferent Cell Bodies in vivo: Role of 5-HT2 and 5-HT3 Receptors. *Neuroscience*, 143, 273–287, doi:10.1016/j.neuroscience.2006.07.032.
Lacolley P. et al. (2006b). Occipital Artery Injections of 5-HT May Directly Activate the Cell Bodies of Vagal and Glossopharyngeal Afferent Cell Bodies in the Rat. *Neuroscience*, 143, 289–308, doi:10.1016/j.neuroscience.2006.08.047.
Land, B. B. et al. (2008). The Dysphoric Component of Stress Is Encoded by Activation of the Dynorphin κ-Opioid System, *Journal of Neuroscience*, 28(2), 407–414, https://doi.org/10.1523/JNEUROSCI.4458-07.2008.
Lang, P. M. und Grafe, P. (2007). Chemosensitivity of Unmyelinated Axons in Isolated Human Gastric Vagus Nerve. *Autonomic Neuroscience*, 136, 100–104, doi:10.1016/j.autneu.2007.05.001.
Langer, S. (1972). Mind: An Essay on Human Feeling, Bd. 2, Baltimore and London: The Johns Hopkins University Press.
Langer, S. (2018). Fühlen und Form: eine Theorie der Kunst. Hamburg: Felix Meiner.
Le Roith, D. et al. (1980). Evolutionary origins of vertebrate hormones: substances similar to mammalian insulins are native to unicellular eukaryotes. *Proceedings of the National Academy of Sciences*, 77(10), 6184–6188.
Leakey, R. (1994). The Origin of Humankind, New York: Basic Books [dt. Die ersten Spuren: Über den Ursprung des Menschen. Üb. v. U. Rennert; München: Bertelsmann 1997].
LeDoux, J. (2019). The Deep History of Ourselves, New York: Viking [dt. Bewusstsein: Die ersten vier Milliarden Jahre. Üb. v. E. Ranke u. S. Reinhardus; Stuttgart: Klett-Cotta 2021].
Lévi-Strauss, C. (2011). L'Anthropologie Face aux Problèmes du Monde

Moderne, Éditions de Seuil [dt. Anthropologie in der modernen Welt. Üb. v. E. Moldenhauer; Berlin: Suhrkamp 2023].
Levin, M. (2019). The Computational Boundary of a »Self«: Developmental Bioelectricity Drives Multicellularity and Scale-Free Cognition. *Frontiers in Psychology*, 10, https://doi.org/10.3389/fpsyg.2019.02688.
Lewontin, R. C. (1991). Biology as Ideology: The Doctrine of DNA, New York: Harper Perennial.
Lowell, B. B. (2019). New Neuroscience of Homeostasis and Drives for Food, Water and Salt, *New England Journal of Medicine*, 380, 459–471.
Lotze, M. und Halsband, U. (2006). Motor Imagery. *Journal of Physiology–Paris*, 99, Issues 4–6, 386–395, https://doi.org/10.1016/j.jphysparis.2006.03.012.
Lyte, M. und Cryan, J. F. (2014). Microbial Endocrinology: The Microbiota-Gut-Brain Axis in Health and Disease, New York: Springer.
Macho, A. P. und Zipfel, C. (2014). Plant PRRs and the Activation of Innate Immune Signaling. *Molecular Cell*, 54, Nr. 2, 263–272.
Man, K. und Damasio, A. (2019). Homeostasis and Soft Robotics in the Design of Feeling Machines. *Nature Machine Intelligence*, 1, 446–452, doi.org/10.1038/s42256-019-0103-7.
Man, K. et al. (2012). Sight and Sound Converge to Form Modality-Invariant Representations in Temporo-Parietal Cortex. *Journal of Neuroscience*, 32(47), 16 629–16 636, doi.org/10.1523/JNEUROSCI.2342-12.2012.
Man, K. et al. (2013). Neural Convergence and Divergence in the Mammalian Cerebral Cortex: From Experimental Neuroanatomy to Functional Neuroimaging. *Journal of Comparative Neurology*, 521(18), 4097–4111, doi.org/10.1002/cne.23408.
Man, K. et al. (2015). Convergent and Invariant Object Representations for Sight, Sound, and Touch. *Human Brain Mapping* 36(9), 3629–3640, doi.org/10.1002/hbm.22867.
Margulis, L. (1998). Symbiotic Planet: A New View of Evolution, New York: Basic Books [dt. Der symbiotische Planet oder wie die Evolution wirklich verlief. Üb. v. S. Vogel; Frankfurt/Main: Westend 2017].
Masland, R. (2020). We Know It When We See It: What the Neurobiology of Vision Tells Us About How We Think, New York: Basic Books.
Maturana, H. R. und Varela, F. J. (1980). Autopoiesis. The Organization of Living. In: Maturana H. R. und Varela, F. J. (Hrsg.), Autopoiesis and Cognition, Dordrecht: Reidel, 73–155.
Mayer, E. (2016). The Mind-Gut Connection: How the Hidden Conversation Within Our Bodies Impacts Our Mood, Our Choices, and Our Overall Health, HarperCollins [dt. Das zweite Gehirn: Wie der Darm unsere

Stimmung, unsere Entscheidungen und unser Wohlbefinden beeinflusst. Üb. v. M. Rometsch; München: riva 2016].
McCulloch, W. S. (1965). Embodiments of Mind, Cambridge, Mass.: MIT Press [dt. Verkörperungen des Geistes. Üb. v. A. Ehlers; Wien: Springer 2000].
McCulloch, W. S. und Pitts, W. (1943). A logical Calculus of the Ideas Immanent in Nervous Activity. *The Bulletin of Mathematical Biophysics*, 5, Nr. 4, 115–133.
McEwen, B. S. (1998). Stress, Adaptation, and Disease: Allostasis and Allostatic Load. *Annals of the New York Academy of Sciences*, 840, Nr. 1, 33–44.
McFall-Ngai, M. J. (2014). The Importance of Microbes in Animal Development: Lessons from the Squid-Vibrio Symbiosis. *Annual Review of Microbiology*, 68, 177–194.
McKinley, M. J. (2003). The Sensory Circumventricular Organs of the Mammalian Brain: Subfornical Organ, OVLT and Area Postrema, New York: Springer.
McMahon, S. B., La Russa, F. und Bennett, D. L. H. (2015). Crosstalk between the Nociceptive and Immune Systems in Host Defense and Disease. *Nature Reviews Neuroscience*, 16, Nr. 7, 389–402.
Menon, V. (2011). Language-Scale Brain Networks and Psychopathology: a Unifying Triple Network Model. *Trends in Cognitive Science*, 15: 483–506.
Meyer, K. und Damasio, A. (2009). Convergence and Divergence in a Neural Architecture for Recognition and Memory. *Trends in Neurosciences*, 32(7), 376–382, doi.org/10.1016/j.tins.2009.04.002.
Miller, S. L. (1953). A Production of Amino Acids Under Possible Primitive Earth Conditions. *Science*, 117, 528–529, DOI: 10.1126/science.117.3046.528.
Mix, L. J. (2015). Defending Definitions of Life. *Astrobiology*, 15, Nr. 1, 15–19.
Nagel, T. (1974). What Is It Like to Be a Bat? *The Philosophical Review*, 83, Nr. 4, 435–450, doi.org/10.2307/2183914.
Nakamura, M. et al. (2021). CRISPR Technologies for Precise Epigenome Editing. *Nature Cell Biology*, 23(1), 11–22.
Nealson, K. H. und Hastings, J. W. (2006). Quorum Sensing on a Global Scale: Massive Numbers of Bioluminescent Bacteria Make Milky Seas. *Applied and Environmental Microbiology*, 72, Nr. 4, 2295–2297.
Nencini, S. und Siemens, J. (2024). An Intra-Hypothalamic Pathway Modulating Body Temperature and Feeding. *bioRxiv*, https://doi.org/10.1101/2024.04.16.589686.
Nummenmaa, L. et al. (2014). Bodily Maps of Emotions. *Proceedings of the National Academy of Sciences*, 111, Nr. 2, 646–651.

O'Craven, K. M. und Kanwisher, N. (2000). Mental Imagery of Faces and Places Activates Corresponding Stimulus-Specific Brain Regions. *Journal of Cognitive Neuroscience*, 12, 1013–1023.
Palouzier-Paulignan, B., Chamoin, M-C. und Ternaux, J-P. (1992). Somatic Acetylcholine Release in Rabbit Nodose Ganglion. *Eur J Neurosci*, 4, 1123–1129, doi:10.1111/j.1460-9568.1992.tb00139.x.
Panksepp, J. (1998). Affective Neuroscience: The Foundation of Human and Animal Emotions, New York: Oxford University Press.
Panksepp, J. (2011). The Basic Emotional Circuits of Mammalian Brains: Do Animals Have Affective Lives? *Neuroscience & Biobehavioral Reviews*, 35, Nr. 9, 1791–1804.
Panksepp, J. und Biven, L. (2012). The Archeology of Mind, New York: W. W. Norton and Company.
Parakilas, J. (2024). How Music and Our Faculty Are Made for Each Other, *The Journal of the Royal Musical Association*, 1–38, doi:10.1017/rma.2024.1.
Parsons, T. (1980). Social Systems and the Evolution of Action Theory. *Ethics*, 90, Nr. 4, 608–611.
Parvizi, J. und Damasio, A. (2001). Consciousness and the Brainstem. *Cognition*, 79(1), 135–160.
Parvizi, J. und Damasio, A. (2003). Neuroanatomical Correlates of Brainstem Coma. *Brain* 126(7), 1524–1536.
Pascal, R. und Pross, A. (2022). On the Chemical Origin of Biological Cognition. *Life*, 12(12), https://doi.org/10.3390/life12122016.
Pascal, R., Pross, A. und Sutherland, J. D. (2013). Towards an Evolutionary Theory of the Origin of Life Based on Kinetics and Thermodynamics. *Open Biology*, 3, Nr. 11, doi.org/10.1098/rsob.130156.
Penrose, R. (1991). The Emperor's New Mind. *Royal Society for the Encouragement of Arts, Manufactures and Commerce*, 139, Nr. 5420, 506–514, https://www.jstor.org/stable/41378098.
Persat, A. et al. (2015). The Mechanical World of Bacteria. *Cell*, 161, Nr. 5, 988–997.
Pincherle, A. et al. (2021). Early Discrimination of Cognitive Motor Dissociation from Disorders of Consciousness: Pitfalls and Clues, *Journal of Neurology*, 268:178–188, https://doi.org/10.1007/s00415-020-10125-w.
Pollan, M. (2013). The Intelligent Plant. *The New Yorker*, 23. und 30. Dezember.
Pollan, M. (2018). How to Change Your Mind: What the New Science of Psychedelics Teaches Us About Consciousness, Dying, Addiction, Depression, and Transcendence, New York: Penguin Books [dt. Verändere dein Bewusstsein: Was uns die neue Psychedelik-Forschung über

Sucht, Depression, Todesfurcht und Transzendenz lehrt. Üb. v. T. Gunkel; München: Antje Kunstmann 2019].
Posner, J. B. et al. (2007). Plum and Posner's Diagnosis of Stupor and Coma, New York: Oxford University Press.
Postman, N. (2006). Amusing Ourselves to Death: Public Discourse in the Age of Show Business, New York: Penguin [dt. Wir amüsieren uns zu Tode: Urteilsbildung im Zeitalter der Unterhaltungsindustrie. Üb. v. R. Kaiser; Frankfurt: Fischer Taschenbuch Verlag 1994].
Pressman, A., Blanco, C. und Chen, I. A. (2015). The RNA World as a Model System to Study the Origin of Life. *Current Biology*, 25(19), R953-R963.
Proust, M. (1981). Remembrance of Things Past – Swann's Way, Random House, Translation [dt. Auf der Suche nach der verlorenen Zeit. Verschiedene deutsche Ausgaben].
Quiroga, R. Q. (2019). Plugging into Human Memory: Advantages, Challenges, and Insights from Human Single-Neuron Recordings. *Cell*, 179(5), 1015–1032 doi.org/10.1016/j.cell.2019.10.016.
Raichle, M. E. (2015). The Brain's Default Mode Network. *Annual Review of Neuroscience*, 38, 433–447.
Rainey, P. B. und Rainey, K. (2003). Evolution of Cooperation and Conflict in Experimental Bacterial Populations. *Nature*, 425, Nr. 6953, 72–74.
Reber, A. S. (2016). Conclusions in Caterpillars, Consciousness and the Origins of Mind. *Animal Sentience: An Interdisciplinary Journal on Animal Feeling*. 1, Nr. 11.
Robertson, M. P. und Joyce, G. F. (2012). The Origins of the RNA World. *Cold Spring Harbor Perspectives in Biology*, 4, Nr. 5, doi.org/10.1101/cshperspect.a003608.
Rovelli, C. (2018). The Order of Time, New York: Riverhead Books.
Rudrauf, D. et al. (2017). A Mathematical Model of Embodied Consciousness. *Journal of Theoretical Biology*, Bd. 428, 106–131, doi.org/10.1016/j.jtbi.2017.05.
Ruiz-Mirazo, K., Briones, C. und de la Escosura, A. (2014). Prebiotic Systems Chemistry: New Perspectives for the Origins of Life. *Chemical Reviews*, 114, Nr. 1, 285–366, doi.org/10.1021/cr2004844.
Sachs, M., Damasio, A. und Habibi, A. (2015). The Pleasures of Sad Music: a Systematic Review. *Frontiers in Human Neuroscience*. 9(404), 1–12, doi.org/10.3389/fnhum.2015.00404.
Sampson, T. R. et al. (2016). Gut Microbiota Regulate Motor Deficits and Neuroinflammation in a Model of Parkinson's Disease. *Cell*, 167(6), 1469–1480.

Sauer, S. K. et al. (1999). Rat Peripheral Nerve Components Release Calcitonin Gene-Related Peptide and Prostaglandin E2 in Response to Noxious Stimuli: Evidence that Nervi Nervorum Are Nociceptors. *Neuroscience*, 92, 319–325, doi:10.1016/s0306-4522(98)00731-3.
Schrödinger, E. (1944). What Is Life? Cambridge, U. K.: Cambridge University Press [dt. Was ist Leben? Die lebende Zelle mit den Augen des Physikers betrachtet. Üb. v. L. Mazurcak; München: Piper 1999].
Searle, J. R. (1992). The rediscovery of the mind. MIT press [dt. Die Wiederentdeckung des Geistes. Üb. v. H. P. Gavagai; München: Artemis und Winkler 1993].
Segerstrom, S. C. und Miller, G. E. (2004). Psychological Stress and the Human Immune System: A Meta-Analytic Study of 30 Years of Inquiry. *Psychological Bulletin*, 130(4), 601.
Sen, A. (2008). The Economics of Happiness and Capability. In: L. Bruni, F. Comim und M. Pugno (Hrsg.), Capabilities and Happiness, New York: Oxford University Press.
Seth, A. K. (2013). Interoceptive Inference, Emotion and the Embodied Self. *Trends in Cognitive Sciences*, 17(11), 565–573.
Shackman, A. J. et al. (2011). The Integration of Negative Affect, Pain and Cognitive Control in the Cingulate Cortex. *Nature Reviews Neuroscience*, 12(3), 154–167.
Shapiro, R. E. und Miselis, R. R. (1985). The Central Neural Connections of the Area Postrema of the Rat. *Journal of Comparative Neurology*, 234(30), 344–364.
Shewmon, D. A. (1988). Anencephaly: Selected Medical Aspects. *Hastings Center Report*, 18 (5), 9–11.
Shewmon, D. A., Holmes, G. L. und Byrne, P. A. (1999). Consciousness in Congenitally Decorticate Children: Developmental Vegetative State as Self-Fulfilling Prophecy. *Developmental Medicine and Child Neurology*, 41(6), 364–374.
Simmons, W. K. und Barsalou, L. W. (2003). The Similarity-in-Topography Principle: Reconciling Theories of Conceptual Deficits. *Cognitive Neuropsychology*, 20, 451–486.
Singer, J. und Damasio, A. (2025). The Physiology of Interoception and Its Adaptive Role in Consciousness. *Philosophical Transactions of the Royal Society B*, 310.
Slotnick, S. D., Thompson, W. L. und Kosslyn, S. M. (2005). Visual Mental Imagery Induces Retinotopically Organized Activation of Early Visual Areas. *Cerebral Cortex*, 15, 1570–1583.
Solms, M. (1997). The Neuropsychology of Dreams, Psychology Press.

Solms, M. (2015). The Feeling Brain: Selected Papers on Neuropsychoanalysis, London: Karnac Books.
Solms, M. (2021). The Hidden Spring, Norton.
Song, K. et al. (2016). The TRPM2 Channel Is a Hypothalamic Heat Sensor that Limits Fever and Can Drive Hypothermia. *Science*, 353(6306), 1393–1398.
Sperandio, V. et al. (2003). Bacteria–Host Communication: The language of Hormones. *Proceedings of the National Academy of Sciences*, 100(15), 8951–8956.
Spitzer, J., Pielak, G. J. und Poolman, B. (2015). Emergence of life: Physical Chemistry Changes the Paradigm. *Biology Direct*, 10(33), 1–15.
Stefano, G. B., Salzet, B. und Fricchione, G. L. (1998). Enkelytin and Opioid Peptide Association in Invertebrates and Vertebrates: Immune Activation and Pain. *Immunology Today*, 19(6), 265–268.
Swanson, L. W. (2012). Brain Architecture: Understanding the Basic Plan, Oxford: Oxford University Press.
Szathmáry, E. und Smith, J. M. (1995). The Major Evolutionary Transitions. *Nature*, 374(6519) 227–232.
Tasic, B. et al. (2016). Adult Mouse Cortical Cell Taxonomy Revealed by Single Cell Transcriptomics. *Nature neuroscience*, 19(2), 335–346.
Tattersall, I. (2002). The Monkey in the Mirror: Essays on the Science of What Makes Us Human, New York: Harcourt.
Taylor, C. (2002). Varieties of Religion Today: William James Revisited, Cambridge, Mass.: Harvard University Press [dt. Die Formen des Religiösen in der Gegenwart. Üb. v. K. Wördemann; Frankfurt am Main: Suhrkamp 2002].
Tejeda, H. A. et al. (2013). Prefrontal Cortical Kappa-Opioid Receptor Modulation of Local Neurotransmission and Conditioned Place Aversion. *Neuropsychopharmacology*, 38(9), 1770–1779.
Thompson, D. W. (1942). On Growth and Form, Cambridge, U. K.: Cambridge University Press [dt. Über Wachstum und Form. Üb. v. E. M. Fountain u. M. Neff; Frankfurt am Main: Eichborn 2006].
Tomasello, M. (2014). A Natural History of Human Thinking, Cambridge, Mass.: Harvard University Press [dt. Eine Naturgeschichte des menschlichen Denkens. Üb. v. J. Schröder; Berlin: Suhrkamp 2014].
Tomasello, M. A. (2016). Natural History of Human Morality, Cambridge, Mass.: Harvard University Press [dt. Eine Naturgeschichte der menschlichen Moral. Üb. v. J. Schröder; Berlin: Suhrkamp 2016].
Tononi, G. (2012). Phi: A Voyage from the Brain to the Soul, New York: Pantheon.

Tootell, R. B. H. et al. (1983). Functional Anatomy of Macaque Striate Cortex. II. Retinotopic Organization. *Journal of Neuroscience*. 8, 1531–1568.
Torday, J. S. (2015). A Central Theory of Biology. *Medical Hypotheses*, 85(1), 49–57.
Trewavas, A. J. (2003). Aspects of Plant Intelligence. *Annals of Botany*, 92, 1–20.
Trewavas, A. J. (2009) What is Plant Behaviour? *Plant Cell and Environment*, 32, 606–616.
Trewavas, A. J. und Baluška, F. (2011). The Ubiquity of Consciousness: The Ubiquity of Consciousness, Cognition and Tntelligence in Life. *EMBO Reports*, 12(12), 1221–1225.
Tsakiris, M. und De Preester, H. (2019). The Interoceptive Mind: From Homeostasis to Awareness. Oxford, U. K.: Oxford University Press.
Turkle, S. (2011). Alone Together: Why We Expect More from Technology and Less from Each Other, New York: Basic Books [dt. Verloren unter 100 Freunden: Wie wir in der digitalen Welt seelisch verkümmern. Üb. v. J. Stefanidis; München: Riemann 2012].
Vaccaro, A. G., Kaplan, J. T. und Damasio, A. (2020). Bittersweet: The Neuroscience of Ambivalent Affect. *Perspectives on Psychological Science*, 15, 1187–1199.
Vanderschuren, L. J. M. J. et al. (1995). μ-and κ-opioid Receptor-Mediated Opioid Effects on Social Play in Juvenile Rats. *European Journal of Pharmacology*, 276(3), 257–266.
Vedral, V. (2012). Decoding Reality: The Universe as Quantum Information, Oxford, U. K.: Oxford University Press.
Venkatraman, A., Edlow, B. L. und Immordino-Yang, M. H. (2017). The Brainstem in Emotion: A Review. *Frontiers in Neuroanatomy*, 11(15), 1–12.
Verweij, M. und Damasio, A. (2024). Economics from a Biological Perspective: The Role of Sociocultural Homeostasis, *Journal of Economic Methodology*, 31(3), 127–144, https://doi.org/10.1080/1350178X.2024.2352388.
Villarreal, L. P. (2004). Are Viruses Alive? *Scientific American*, 291(6), 100–105, doi.org/10.2307/26060805.
Weber, S. R. und Pargament, K. I. (2014). The Role of Religion and Spirituality in Mental Health. *Current Opinion in Psychiatry*, 279(5), 358–363.
Wessberg, J. et al. (2000). Real-Time Prediction of Hand Trajectory by Ensembles of Cortical Neurons in Primates. *Nature*, 408, 361–365, doi.org/10.1038/35042582.
Wiener, M. (2014). The Interaction of Climate Change and Agency in the Collapse of Civilizations ca. 2300–2000 BC. *Radiocarbon*, 56(4), 1–16.

Wiener, M. H. (2017). Causes of Complex Systems Collapse at the End of the Bronze Age: »Sea Peoples« Up-to-Date, 43–74.
Wiessner, P. W. (2014). Embers of Society: Firelight Talk among the Ju/'hoansi Bushmen. *Proceedings of the National Academy of Sciences*, 111(39), 14 027–14 035.
Wilson, E. O. (1975). Sociobiology, Cambridge, Mass: Harvard University Press.
Wilson, E. O. (2012). The Social Conquest of the Earth, New York: Liveright Publishing Corporation [dt. Die soziale Eroberung der Erde: Eine biologische Geschichte des Menschen. Üb. v. E. Ranke; München: C.H.Beck 2013].
Wong, W. et al. (2020). The Dream Catcher Experiment: Blinded Analyses Failed to Detect Markers of the Dreaming Consciousness in EEG Spectral Power. *Neuroscience of Consciousness*, 6, doi.org/10.1093/nc/niaa006.
Wood, A. M., Joseph, S. und Maltby, J. (2008). Gratitude Uniquely Predicts Satisfaction with Life: Incremental Validity above the Domains and Facets of the Five Factor Model. *Personality and Individual Differences*, 45(1), 49–54.
Woolf, V. (1985). Moments of Being, New York: Houghton Mifflin Harcourt [dt. Augenblicke des Daseins: Autobiographische Skizzen. Üb. v. B. Walitzek; Frankfurt am Main: S. Fischer 2012].
Young, L. (2010). Damage to Ventromedial Prefrontal Cortex Impairs Judgment of Harmful Intent. *Neuron*, 65(6) 845–851.
Zarkadakis, G. (2015). In Our Own Image: Savior or Destroyer? The History and Future of Artificial Intelligence, New York: Pegasus Books.
Zizhen, Y. (2023). Ahigh-resolution Transcriptomic and Spatial Atlas of Cell Types in the whole Mouse Brain. *Nature*, 624, 317–332.
Zmigrod, L. (2025). The Ideological Brain: The Radical Science of Flexible Thinking, New York: Harry Hold and Company [dt. Das ideologische Gehirn: Wie politische Überzeugungen wirklich entstehen. Üb. v. M. Strobel; Berlin: Suhrkamp 2025].